濑户内寂听
利他哲学

80
WORDS
成就
美好人生

[日] 桑原晃弥 著
周征文 译

图书在版编目（CIP）数据

濑户内寂听利他哲学 /（日）桑原晃弥著；周征文译 .—北京：东方出版社，2025.3.—ISBN 978-7-5207-4121-7

Ⅰ.B822.2

中国国家版本馆CIP数据核字第2024HX8484号

JIBUN WO AISHI MUNE WO HATTE IKIRU
SETOUCHI JAKUCHO NO KOTOBA
Copyright ©2022 by Teruya KUWABARA
All rights reserved.
Illustrations by Aki MIYAJIMA
First original Japanese edition published by Liberalsya, Japan.
Simplified Chinese translation rights arranged with PHP Institute, Inc.
through Hanhe International (HK) Co., Ltd.

本书中文简体字版权由汉和国际（香港）有限公司代理
中文简体字版专有权属东方出版社
著作权合同登记号　图字：01-2024-3315号

濑户内寂听利他哲学

LAIHU NEIJITING LITA ZHEXUE

作　　者：	[日]桑原晃弥
译　　者：	周征文
责任编辑：	贺　方
出　　版：	东方出版社
发　　行：	人民东方出版传媒有限公司
地　　址：	北京市东城区朝阳门内大街166号
邮　　编：	100010
印　　刷：	北京明恒达印务有限公司
版　　次：	2025年3月第1版
印　　次：	2025年3月第1次印刷
开　　本：	787毫米×1092毫米　1/32
印　　张：	6.125
字　　数：	106千字
书　　号：	ISBN 978-7-5207-4121-7
定　　价：	54.00元
发行电话：	（010）85924663　85924644　85924641

版权所有，违者必究

如有印装质量问题，我社负责调换，请拨打电话：（010）85924602　85924603

前言
拼命认真地活着

濑户内寂听于2021年11月9日圆寂。即便如此，只要逛逛书店，依然可见与她相关的不少图书陈列于书架；而纵观杂志等媒体，亦可见不少名人悼念感言道："濑户内的话让自己受益良多。"

原本就是畅销书作家的她，其文章自然容易打动人心。但除此之外，她的言语还拥有一种特殊的力量。不仅限于能言善道，她那温暖的笑貌和幽默，能让听者获得激励并心情舒畅。

当年有一位名人和濑户内寂听对谈，而我有幸负责整理归纳访谈稿。她从孩提时在德岛县的经历讲起，一直谈到自己后来离婚和出家之事，内容可谓丰富。而其中令我尤为印象深刻的，则要数发生在2011年3月11日东日本大地震时

前言

的事情。

当时的濑户内已因病卧床不起,无法走动。可在得知东日本发生大地震的消息时,她心中强烈地念想道:"必须为此做点什么",而就在那一瞬间,她竟然坐了起来,甚至还能走动了。那时的她已年近90岁高龄,这不得不说是个奇迹。可见,年轻时因"有想法就立即付诸行动"而出名的她,随着年龄增长,其热情和行动力不但没有衰减,反而愈发增强。

在51岁出家并得法号"濑户内寂听"之前,在世人眼中,她不但是个才华横溢的小说家,而且还是位"不顾他人眼光""作风自由奔放"的女性。也正因为如此,她当时受到社会舆论的抨击。

换言之,在出家之前,她的生活态度正可谓"追随内心的热情",对此,她并不后悔。"不要在乎别人的眼光""不要在意别人的一言一语"——这些都是她的理念。

而出于殊胜之缘,51岁时,她不顾周围人的反对,突然决定出家为尼。究其理由,其中之一是"为了给自己沉溺热情的生活画上句号"。打那以后,她以"濑户内寂听"的身份,把自己的满腔热情和行动力倾注于"奉献社会和世人"。

早在出家之前,她就乐意倾听别人的人生苦恼,并提出自己的建议。而在出家之后,作为"僧侣的义务",她愈发热心地给人解惑并讲经说法。她的讲经说法极受欢迎——从1987年起,她担任日本岩手县二户市天台寺的住持,负责该寺院的重建复兴工作。其间,她坚持开展了30年的"青空佛法讲座",收获无数拥趸,每场讲座都会吸引数千人来听。这使得天台寺不仅实现了复兴,甚至成了"人气打卡点"。

与此同时,即便在出家后,她依然笔耕不辍,不断发表出版著作。其中尤为可圈可点的要数她在七十古稀的大胆尝试——《源氏物语》的现代日语译文版。此书获得了极高的评价,被誉为"点燃了平成年代重读《源氏物语》的热潮"。用她自己的话来说,"若仅凭零碎不全的热情,根本无法完成作品"。换言之,她的人生可谓"通过拼命认真努力,成就常人不能成之事"的人生。再加上她充满幽默、娓娓道来的言辞和文风,使人们愿意听她的话、读她的书。

纵观濑户内的人生轨迹和活法,可以明白"大可不必以年龄为理由放弃想做之事",只要有想法或意愿,就不要摆出"等有了时间再说"之类的托词借口,关键应该"说干就干"。

濑户内给大家的启示是"不要被世俗的固有观念束缚"

前言

（比如"女人要有女人的样儿""妻子要有妻子的样儿""老人要有老人的样儿"等），而应该"活出自己的样儿"，关键要常怀好奇心，充满活力、心情开朗地生活。

生活在当今这个时代实属不易，不少人逐渐丧失对生活的信心，此时正应该学习濑户内的思想：人既然生死有命，就应该对被赋予的生命感恩，并努力认真地好好活一回。

濑户内的箴言有的温情脉脉，有的幽默风趣，但即便时而遭受批评攻击，她也一直坚强地"坚持自我"。对于身处当下这个严峻时代的人们而言，在她的箴言中，尽是给人力量和支撑的珠玉之句。若本书能为各位读者今后的人生助力和赋能，则是本人无上之荣幸。

在执笔本书之际，我得到了自由出版社（出版公司）的伊藤光惠女士、安田卓马先生和仲野进先生的鼎力相助。在此致以衷心感谢。

桑原晃弥

目录

第一章 活在当下,过好当下

① 全力过好今天 /002
② 全力做好当下应做之事 /004
③ 想做就做,莫要拖延 /006
④ 满腔热情,能化不可能为可能 /008
⑤ 风向终会变,要坚持,莫退缩 /010
⑥ 热爱工作,方能迸发智慧 /012
⑦ 因没做而后悔,不如做了再后悔 /014
⑧ 受伤亦是年轻的特权 /016
⑨ 不断磨砺才能,方能成大事 /018
⑩ 当下尽力,结果自至 /020
⑪ 生命有限莫虚度 /022
⑫ 以"一生一次邂逅"的态度,诚意待人 /024
⑬ 对于不愿意的事,要学会明确说"不" /026

目录

第二章　生不为己，而为他人

⑭　若要祈祷，应为世人、为社会而祈祷　/ 030
⑮　祈祷的内容应能大声说出口　/ 032
⑯　莫只求"自己幸福"，而应求"大家幸福"　/ 034
⑰　人生在世，是为了给别人带去幸福　/ 036
⑱　出口之语，应给人鼓励、使人开朗　/ 038
⑲　即便无法采取行动，同情和慈悲之心也很重要　/ 040
⑳　决不放弃行动，直至实现理想　/ 042
㉑　不要被"可见的有形之物"左右　/ 044

第三章　自尊自爱，活出自己

㉒　莫妄自菲薄，要昂首挺胸地做人　/ 048
㉓　面对人生岔路，不选简单的，而选想走的　/ 050
㉔　行动之前莫放弃，关键在于先尝试　/ 052
㉕　为自己打气，大可"自夸"　/ 054
㉖　与其非议别人，不如努力提升自我　/ 056
㉗　发展爱好、快乐生活，亦不失为一种才能　/ 058
㉘　唯有集中一处，才能的花苞才会盛开　/ 060
㉙　能自己决断和负责，才算是成年人　/ 062
㉚　畅游书海，锻炼想象力　/ 064
㉛　人生在世，要自爱自尊　/ 066

目录

㉜ 衡量自己要用自己的尺，而不是他人的尺 / 068

第四章　有爱而活

㉝ 难受时，请对着镜子微笑 / 072

㉞ 夸赞给人以力量 / 074

㉟ 一味希求的"渴爱"，不如不求回报的"慈爱" / 076

㊱ 只给不求 / 078

㊲ 彼此谅解，方能和睦 / 080

㊳ 夸奖是才能的催化剂 / 082

㊴ 取悦家人，家庭圆满 / 084

㊵ 每月一次，犒劳身心 / 086

㊶ 以情维系，方能长久 / 088

㊷ 被爱不如去爱 / 090

㊸ 有过苦痛，方能共情 / 092

第五章　学会忘却和改变，才能活下去

㊹ 学会忘却，积极前行 / 096

㊺ 改变视角，坏事变好 / 098

㊻ 或倾诉，或记录，排遣烦恼 / 100

㊼ 不能理解，亦可相助 / 102

㊽ 愤怒时，需冷静 / 104

㊾ 得饶人处且饶人 / 106

(50) 遇好事不傲慢，遇坏事不沮丧 / 108
(51) 鼓起勇气，战胜不幸 / 110
(52) 活出自我，莫要被世间的价值观束缚 / 112
(53) 人生若触底，之后必反弹 / 114
(54) 树挪死，人挪活 / 116
(55) 不必挂念，但应偶尔想起 / 118
(56) 重视心理，保持健康 / 120
(57) 即便无法解惑，倾诉亦有效果 / 122
(58) 要认识到“自己是凡夫俗子” / 124
(59) 人际关系，变中有趣 / 126
(60) 越是低潮苦闷，越要靓丽开朗 / 128

第六章 拥抱衰老，老有所乐

(61) 无论年龄，坚持求变 / 132
(62) 忘却年龄，想做就做 / 134
(63) 不拘常识，取悦身心 / 136
(64) 不怕丢脸，敢于尝试 / 138
(65) 积极向前，赶跑衰老 / 140
(66) 每日新，日日新 / 142
(67) 爱美之心，无关年龄 / 144
(68) 老年青年，彼此尊重 / 146
(69) 学习前辈，保持年轻 / 148

⑦⓪ 年龄增长，心态为重 / 150

⑦① 出生无法选择，但活法和死法可选 / 152

⑦② 乐己悦己，无悔人生 / 154

第七章　要为自己感到骄傲

⑦③ 莫在意他人，应关注内心 / 158

⑦④ 父母以身作则，孩子才会有样学样 / 160

⑦⑤ 知自己命贵，便知他人命贵 / 162

⑦⑥ 不被无尽的欲望玩弄 / 164

⑦⑦ 遵从内心，何谓重要 / 166

⑦⑧ 正确看待知识，培养孕育智慧 / 168

⑦⑨ 明确目标，激活干劲儿 / 170

⑧⓪ 抱有自豪，怀揣自信 / 172

参考文献一览 / 174

附录　濑户内寂听箴言 / 176

第一章　活在当下，过好当下

WORDS OF
JAKUCHO SETOUCHI

WORDS OF JAKUCHO SETOUCHI 01

全力过好今天

比起已然逝去的过去和前途未卜的未来,
"当下"要重要得多。
正因如此,所以要全力过好当下。

人是奇怪的动物——对于过去的昨天既懊恼又悔恨，可当下一旦碰到麻烦事或不乐意干的事，又会犯拖延症，觉得"明天再做也行"。其结果是白白浪费了今天的大好时光。

对此，濑户内寂听指出，释迦牟尼曾说，莫追过去，莫求未来。换言之，对于过去之事，无论怎么烦恼忧愁，也无法改变逆转；对于未来之事，无论怎么思虑畅想，也常会不尽如人意。因此比起这二者，更应该全力活在当下，努力做好眼下应做之事。

这里的"应做之事"并不仅仅指"干大事"，还包括生活中的小事。比如在洗衣服或做饭时全神贯注，或是在读书时全心投入。

人对于过去总爱耿耿于怀，对未来又爱杞人忧天，其实应该先全力活在当下，过好当下。

在濑户内寂听看来，这才是真正的珍惜生活。而这般积累，便能使自己的人生充实。

WORDS OF JAKUCHO SETOUCHI 02

全力做好当下应做之事

要想心情爽朗,就要适应环境,努力活着。

在日本，有本名为《就在你所在的地方生根开花》的畅销书，其作者是圣心女子大学校长渡边和子女士。当年36岁，刚刚就任圣心女子大学校长的她，面对陌生不适的环境，加上周围的非难，曾一度丧失自信。可就在那时，一位神父赠她一言："就在你所在的地方生根开花。"这便是此书书名的由来。

这句话让她明白"无论身处何种环境，都要向下扎根，开出自己的花朵"。于是，渡边女士开始尽力改变自己，最终给周围人也带来了幸福。

同样，濑户内寂听也指出"要想心情爽朗，就要适应环境，努力活着"。

濑户内寂听在年轻时亦受到诸多批评和非议。但在她看来，"若以苦为苦，则人生便丧失了乐趣"。后来，回顾自己的过往，她曾感言道："我一旦觉得必须去做某事，就会以此为乐，并尽力完成。"

家庭也好，工作也罢，不可能尽是甘甜和快乐。即便如此，也要明确自己当下应做之事，并每日努力实行。唯有如此，才能度过充实的人生。

WORDS OF JAKUCHO SETOUCHI 03

想做就做,莫要拖延

做事不拖延,人生不后悔。

即便心中有想做的事，不少人也会找各种理由拖延，比如"等退休有时间了再做吧！""等金钱方面有富余了再说吧！"之类。当然，时间也好，金钱也好，一些条件常常有所限制，但在这个不知明天会如何变幻的时代，濑户内寂听建议："有想做的事就立马去做，而不要一味拖延。"

她本人在 95 岁时接受了心脏手术，并一度住院休养。当时由于无法从事心爱的小说创作，她陷入消沉。而当她惊觉自己的这种负能量状态时，便决心把自己之前创作的俳句归纳整理成俳句集。

如此决意后，她可没有等出院后再说，而是立即开工。于是，她的心情顿时变得开朗，身体甚至涌出了从床上坐起的活力。后来该俳句集得以出版，书名为《独自一人》，该书还获得了日本俳句界的殊荣"星野立子奖"。但更重要的是，在该书出版之前，她心中悦动的期待感，成了她战胜病魔的最佳药物。

如果您看上了一件好衬衣，大可今天就下单购买；如果您碰到了意中人，大可今天就勇敢表白。明天会如何，没人能知道。既然如此，那不如干脆努力活在当下。对于想做的事，也不要一再拖延。这样一来，人生就不会后悔，就不会到头来懊恼："早知道那时候付诸实践就好了。"

WORDS OF JAKUCHO SETOUCHI 04

满腔热情，
能化不可能为可能

零碎不全的热情无法成事。

濑户内寂听出家为尼后，除了继续以作家的身份出书之外，她不但成功复兴了岩手县的天台寺（详见本书第099页），还以校长的身份，成功让福井县的敦贺女子短期大学走出低谷——在她的操持下，该校的招生业绩从原先"只能招到一半"跃升为年年满员。

上述成功，在旁人眼中皆是"不可能完成的艰巨任务"。可她在当上天台寺住持后，硬是把该寺院打造成了日本东北地区名列前茅的人气寺院。而在担任敦贺女子短期大学校长期间，她并非当个名誉校长般做做样子，而是真正付出精力，投入提升学校综合实力的活动之中（详见本书第067页），这才得以取得上述成果。后来回顾那段岁月，她曾感言："大家都觉得我的成就是奇迹。我当时的确拼死努力，所以才能做成那些事。反之，若不那么拼，就无法成功。仅凭半吊子的热情，是成不了事的。"

有位企业家也曾说，人做事的热情程度可以分为10级，最低1级，最高10级，并指出"唯有以10级的热情去打拼，才能成事"。而在做事时，濑户内正是付出了10级的热情。换言之，零碎不全的热情无法成事，唯有拼命努力，为之付出百分百的满腔热情，方能化不可能为可能。

WORDS OF JAKUCHO SETOUCHI 05

风向终会变,
要坚持,莫退缩

只要持续做喜欢和想做的事,必会遭遇阻力。不要抱怨,而应坚持。

1956年，出家前的濑户内寂听凭借《女大学生曲爱玲》一文斩获"新潮同人杂志奖"，从此走上了小说家之路。而她获奖后出版的第一部小说《花芯》却遭到舆论抨击，一些文学评论家称之为"色情小说"，还给她扣上了"子宫作家"的帽子。这使得一众文艺杂志也停止了对她的约稿（详见本书第105页）。

假若当时的她在意评论家的脸色并妥协迎合，则可能就不会有后来驰骋文坛的她。她当时虽然对这些低级的言论攻击感到不快，却没有丧失对自己的文学事业的信心，也没有觉得自己做了什么见不得人的事情。

当时，她在《朝日新闻》的求职版面发表连载文章。在文中，她对求职者建言："只要持续做喜欢和想做的事，必会遭遇阻力。这个阻力或许来自你的上司。但要明白，情况终会转变。因此不要抱怨，而应坚持。"

可见，哪怕自信满满，哪怕行走正道，哪怕表现出强烈意愿，周围人也不会一定都赞同你、认同你。相反，这往往会招来不少的反对和批评。即便如此，对于自己真心喜欢的事情、真正想做的事情，你依然应该堂堂正正地坚持到底。要知道，风向终会变。

WORDS OF JAKUCHO SETOUCHI 06

热爱工作,方能迸发智慧

对于自己的工作,若明确"眼下无他",
则应努力爱上它。

"要爱上自己的工作"——这是京瓷公司创始人稻盛和夫先生的口头禅。此话源于他的亲身体验和心得。

当年,在与濑户内寂听对谈时,稻盛先生披露了自己孩提时的小故事。当时对于母亲叫他帮忙做家务,稻盛先生心生抵触。一次,因为母亲的要求,他只得不情愿地在厨房洗碗,结果把一个饭碗弄掉到地上打破了;又有一次,因为母亲的命令,他只得不情愿地去买豆腐,或许因为愤懑而潜意识地拿菜篮撒气,结果把豆腐搞得稀碎。

对此,濑户内寂听感言道:"心中不情愿,啥都做不好。"她还曾指出:"有的工作虽然保底又稳定,但若是无法激发自己的干劲儿和激情,则做一辈子也不会有长进。"反之,她亦强调道:"若是热爱自己的工作,并充满自豪地努力去做,则自然会主动钻研,并迸发智慧,想出别人没能想到的点子。"

当然,不是每个人都能做上自己喜欢的工作。有的人或许对自己目前的工作极不中意,但若明确"眼下自己只有这份工作,再无其他",则应努力爱上它。

而一旦努力爱上自己的工作,便能迸发智慧,进而心生自豪感。

WORDS
OF
JAKUCHO
SETOUCHI

07

因没做而后悔，
不如做了再后悔

我更讨厌"早知道当时就去做了"这样的后悔。

亚马逊创始人贝佐斯当年打算创业时，据说曾运用名为"后悔最小化"的逻辑框架自我思考分析了一番。在创业前，他已是一家一流金融公司的副总，已经拥有了身为"企业年轻高管"的成就和地位。所以他把各种后悔要素的程度进行了比较，包括"由于辞职创业而失去高级职位和高额奖金的后悔程度""创业失败时的后悔程度"等，最后，他得出了结论——程度最高的是"好不容易想出的创业点子却没能付诸实施的后悔"。于是他下定决心，冒着风险，毅然跨出了创立亚马逊的第一步。

濑户内寂听当年为了成为小说家，她毅然"抛夫弃女"，独自出走（详见本书第031页）。而随着年龄增长，对于自己想做的事，她依然主张："下定决心实行。"究其理由，她曾说："到了临死时，如果我心存后悔，那么比起'早知道当时不做就好了'这样的后悔，我更讨厌'早知道当时就去做了'这样的后悔。"

当然，这并非在倡导大家为所欲为。人生在世，做事皆要担负责任。但对于自己真心想做的事，濑户内寂听的建议是"何不尝试一下"。

WORDS OF JAKUCHO SETOUCHI 08

受伤亦是年轻的特权

年轻时吃苦也许的确苦,
但年轻时拥有强大的自愈力量,
因此不必担忧。

人随着年纪变大，自然会比年轻时容易疲劳，且消除疲劳所需的时间也会变长。比如，年轻时睡一晚就能消除的疲劳，上了岁数后就不行了，不但睡一晚无法恢复元气，而且搞不好到了第二天、第三天会感到更加疲惫。

濑户内寂听常常建议年轻人："年轻时要敢于摘下玫瑰蕾。"此话出自17世纪的英国诗人罗伯特·赫里克所写的一首诗歌的头一节，原文可译为"趁机摘下玫瑰蕾"，而濑户内对其阐释如下：

"玫瑰有刺，但由于其美丽，所以惹人不禁伸手去摘取。而一旦手指因此被扎伤，如果是高龄老人，则伤口容易恶化化脓且迟迟难以愈合。可换作年轻人的话，只要用舌头舔一下，伤口就好了。"

她还进一步指出，人年轻时，不管是肉体还是心灵的伤口，都能迅速愈合，因此年轻时应勇敢尝试、大胆前行。

年轻时吃苦的确苦，也可能会受到巨大伤害。即便如此，也要相信并用好"睡一晚就没事了"的"年轻特权"，不断挑战自我。这一点至关重要。

WORDS OF JAKUCHO SETOUCHI 09

不断磨砺才能，
方能成大事

若懈于打磨，武器就会生锈；
若乱用乱伐，资源就会见底。
因此无一日可不慎。

在濑户内寂听看来，不管是小说家还是艺术家，皆是"才能为本"。换言之，相应的才能是入行的敲门砖。但另一方面，有时所谓"天才早熟"者，后来却渐渐失去光芒，乃至被当初的"才能平平者"超越。

而濑户内寂听之所以能不败给"后浪"，并成为一代小说名家，除了其才能外，还由于她那"紧跟时代"的敏锐意识，以及对各种题材的广泛涉猎。当然身为小说家，她也有"自认佳作，却销量不佳"的时候。而据她坦言，有一天，她突然悟到了个中缘由。

她的答案来自世阿弥（世阿弥是日本室町时代初期的猿乐演员与剧作家。——译者注）的一句名言："做不到让观众皆懂和观众皆乐，只能说是剧作家和表演者的实力不足。"鉴于此，她明白了写作的关键在于"用最易懂、最正确的日语写作，把自己的想法直率诚实地传达给读者"。

换言之，对濑户内寂听而言，言语和文章是她为生的武器和资源。若懈于打磨，武器就会生锈；若乱用乱伐，资源就会见底。所以说，人唯有每日勤于打磨武器、滋养资源，才能彻底用好自己的才能。

WORDS
OF
JAKUCHO
SETOUCHI

10

当下尽力,结果自至

尽全力奋斗后,静待结果即可。

濑户内寂听在20多岁时，还未入空门，她以"想写小说"为由，一度"抛夫弃女"，独自离家出走。至于究竟能不能成为小说家，当时的她自然毫无把握。可结果呢？从以"三谷晴美"为笔名出道起，历经"三谷佐知子""濑户内晴美"的更名，再到如今出家为尼的"濑户内寂听"。在漫长的70年间，她一直保持着人气流行作家的地位。对此，只能说她："太了不起了。"

回顾过去，濑户内寂听曾谦虚地感言道："我这人还算是比较努力的，因此从年轻时起就只顾当下、忘我拼命。"而自从51岁出家后，她变得和之前有所不同。用她自己的话来说，出家前是"为人我执"——一直试图凭借自己的才能和努力开拓人生之路；而在出家后，她的人生哲学转变为"通达由你"。

她口中的"你"即"佛"。换言之，在自己竭尽所能努力后，静待天命即可。人生在世，有时无论怎样努力，可能仍然事与愿违。此时不可怨恨自己的霉运乃至整个社会，而应明白"尽人事乃关键"，至于显现的结果，自有其道理。

WORDS
OF
JAKUCHO
SETOUCHI

11

生命有限莫虚度

当觉得诸事无趣而冷漠"躺平"时，
其实是在白白损耗自己有限的生命。

苹果创始人史蒂夫·乔布斯曾在斯坦福大学的学生毕业典礼上演讲。该演讲非常有名，引起巨大反响。在演讲中，他介绍了自己17岁时邂逅的一句箴言："如果把每一天都当成自己人生的最后一天，你一定会找到人生的方向。"这句话的意思是，人皆有一死，而在自己有限的生命里，应该过好活好每一天。

濑户内寂听亦一直强调"努力活在当下"的重要性。

现在或许已被人遗忘，但日本以前的年轻人之间曾有一个流行词叫"了无兴致"。这是当时不少年轻人推崇的所谓"酷酷的"生活态度——不关心社会，对什么事都不热衷、不投入，以冷眼旁观的态度处事，提倡"躺平"，还把认真热心视为"落伍"和"丢人"。这种风潮的背后，其实体现了对自己生命和人生的漠视。

一个人的生命有限，因此一生中能做的事情也有限。换言之，留给每个人的时间并不多。若能意识到这一点，就能明白濑户内寂听所言非虚，也就不会有闲工夫觉得诸事无趣而冷漠地"躺平"了。

WORDS OF JAKUCHO SETOUCHI 12

以"一生一次邂逅"的态度,诚意待人

应把所有邂逅视为"一期一会",
诚意待人,直至道别。

"一期一会"源自茶道礼数，意思是把每次茶会中的相遇都视为"一生只此一次"的珍贵机缘，从而要求茶会的主人和宾客皆竭尽诚意。由此引申开来，这句四字熟语后来的意思演变为"要把每次邂逅都视为只此一次的缘分，全心全意待人"。

"一期一会"这个熟语，在日本几乎无人不知。但在实际生活中，真能如此重视并以诚待人之人，恐怕只是少数。

也正因为如此，尤其对于身边亲近的家人，比如每天早上出门前彼此打招呼的夫妻，以及一同生活的父母和子女，当一方离世时，剩下的人常会极为悲痛，并后悔"当时没有好好珍惜一起度过的时光"。

鉴于此，濑户内寂听深感"人过日子，只在今日"，并建言："在与人道别时，要心想'或许彼此再也见不着了'，从而充满珍惜和诚意地道别。"

而她自己亦是这么做的。在迈入 90 岁高龄后，每当出席讲经说法等活动时，她总是对碰到的人说："我这或许是最后一次见到您了。"这句话俨然成了她的口头禅。也正是由于拥有这份觉悟，她才能在耄耋之年依然全身心地投入讲经说法和著书。且也正因为如此，她的话语才会打动众人的心灵。

WORDS OF JAKUCHO SETOUCHI

13

对于不愿意的事,要学会明确说"不"

说"不"需要勇气,
但换来的是放过自己。

1989年出版的《日本可以说不》一书在当年引发话题。该书触及了一个问题，那就是日本人趋于"随大溜"的民族性（直至今日仍然如此）。换言之，日本人喜欢迎合周围的人，且害怕当"异端"。而该书鲜明地阐述了日本当时不敢对美国说"不"的状况。

而在濑户内寂听看来，无论是在男女关系还是其他人际关系中，每个人都必须保持明确的"自我意识和主张"，否则便会盲目迎合他人，或是强迫自己附和对方的喜好或意见。而如此一来，早晚会身心俱疲。

为了防止这种情况，我们就要敢于自我实现。当然，这并非提倡自私自利地为所欲为，而是要明确对对方的要求或提议的态度——自己究竟喜不喜欢那样，自己到底想不想那么做。有了这样的判断基准，对于自己不愿意做的事，就能决定"不做"，并明确说"不"。

这么做一开始需要些许勇气，可一旦养成了对不愿意的事敢于说"不"的习惯，接下来就能发现并实践自己"真正想做的事"，可谓收获了一种自由。

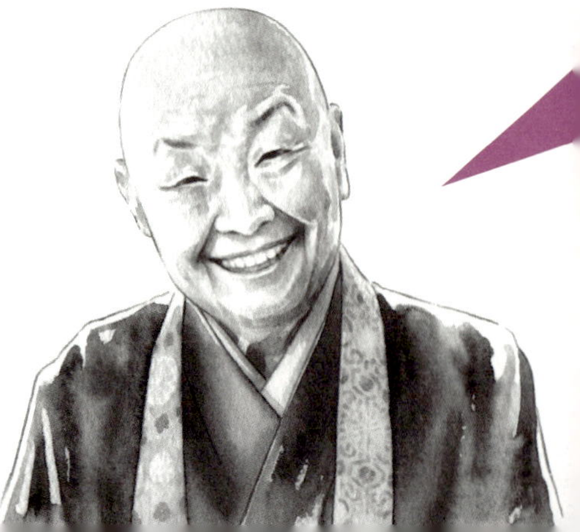

第二章　生不为己，而为他人

WORDS OF JAKUCHO SETOUCHI

WORDS
OF
JAKUCHO
SETOUCHI

14

若要祈祷，应为世人、为社会而祈祷

不要为自己，而要为他人祈祷。

在日本，每年辞旧迎新时，都会有数千万人去神社或寺庙参拜。而哪怕在平日，去各神社或寺庙参拜的人也不在少数。对此，濑户内寂听指出，在参拜祈祷时，亦有必须遵循的雷打不动的规则。

具体来说，她坚信"祈祷的力量"，并曾断言道："给自己祈祷不会应验，但为他人祈祷却十分灵验。"打个比方，对于在日本发生的各种自然灾害，若能向神佛祈祷道"请保佑受灾者不要再受困受苦"，结果就真能灵验。反之，若是祈求神佛"保佑我发财""保佑我女儿傍上大款"，则求了也是白求。

濑户内寂听在88岁时患上了腰部脊柱管狭窄症，不得不过上卧床不起的生活。那时，她曾用手指在自己的肚子上凭空描字，她写的是《般若心经》全篇。对此，她后来感言道："这么做倒是可以排遣无聊，但因为是在求自己的健康，所以不会奏效。"

换言之，若要祈祷，就不要为自己祈祷，而应为世人、为社会、为全人类而祈祷。濑户内寂听还指出，一旦这种利他的祈祷灵验，其实是自己"为他利他"的谦虚之心发挥了作用、感动了上天所致。

WORDS
OF
JAKUCHO
SETOUCHI

15

祈祷的内容应能大声说出口

祈祷的内容,应该是自己敢大声
念出口的内容,
是不怕别人听到的内容。

社交媒体的闪光之处在于"给予每个人发声的权利"。可又由于其匿名性,它有时也会成为肆意批判攻击或诽谤中伤他人的恐怖之地。有一位时而在社交媒体上尖锐发声而引发热议的名人曾说:"我在社交媒体上发言时,会遵循一个原则。那就是:对于我在网上针对特定人的发言,哪怕真正站在当事人面前,我也敢说同样的话。"

社交媒体十分便利,但用户并非因此就可在发言时口无遮拦或伤害他人。换言之,玩社交媒体也有应遵循的规则。

再说回濑户内寂听,她坚信祈祷和言语的力量,但也指出"参拜祈祷时亦有相应的规则"(详见本书第031页)。

其规则之一是"祈祷的内容应能大声说出口"。

究其原因,是言语中存在威力和神灵,所以比起默默祈祷,还是发声祈祷更好。可如果许下的是"希望家里的婆婆早点死"之类见不得人的愿望,则自然无法大声说出口。

可见,唯有问心无愧的愿望,唯有堂堂正正的祈祷,才能大声念出口,也才能被神佛听到。

WORDS
OF
JAKUCHO
SETOUCHI

16

莫只求"自己幸福"，
而应求"大家幸福"

只要这世上还有哀叹、悲痛、受苦的人，
就不能抱有"只要自己幸福即可"的思想。

在如今这个时代，人人都活得不易。在这样的大环境下，人们往往会淡化对周围人的关心，并觉得"至少要让自己过得好一点"，从而趋于只考虑自己个人或家人的幸福。这背后的思维和心态很好理解——"自己过日子都不容易了，哪儿还有闲心去关心别人"。

对于这样的风潮，濑户内寂听曾点评："假如你邻居家因为大火而烧了个精光，你可不能一脸事不关己地说'这是邻居家的事儿'。在灾害发生时，若是周围人皆受灾，只有你自己家平安无恙，你反而应该感到不自在才对。"

换言之，在濑户内寂听看来，众人皆幸福才是真幸福。也正因为如此，当年海湾战争爆发时，对于交战地民众因连日空袭而承受的恐惧和惊吓，她感同身受，视其为自己的恐惧和惊吓，于是开始了旨在反战的绝食祈祷。

对此，当时有人批评她是"沽名钓誉"。但其实她是在遵循自己的信念——人既然是为了获得幸福而生，就应该祈求全人类的幸福，并为此去做自己力所能及之事。

WORDS
OF
JAKUCHO
SETOUCHI

17

人生在世,是为了给别人带去幸福

要告诉年轻人:"你生在这个世界上,是为了给别人带去幸福。"

在2021年的日本"新词·流行词评选大赛"中,"父母摇奖"是入围的热词之一。意思是对于孩子而言,自己的父母也好,自己的家庭也好,无法选择,全凭运气,且父母和家庭会左右自己今后的人生。该词源于"摇奖抽卡"这种手游,基于这种随机性,诞生了"父母摇奖"一词。

的确,在贫富差距日渐增大的当今社会,父母的经济能力、社会地位以及学历高低等因素确实会影响到孩子的将来。也正因为如此,该热词获得了一众年轻人的共鸣。针对该现象,濑户内寂听承认"我们并非自愿来到这个世上,且无法选择自己的父母",但她还指出,对于那些对自己父母说"你们不经我同意把我生到这个世上,所以要照顾我、对我负责"的年轻人,应该告诉他们"你出生在这个世界上,是为了给别人带去幸福"。

在工作中,关于"自己为何干这份工作"的认知和思维,决定了该工作的价值感和成就感。人生亦同理——对于"人为何活着"这一终极设问的回答,决定了人生的意义和轨迹。鉴于此,若是能打心底认为"自己出生在这个世界上,是为了给别人带去幸福",哪怕造福的对象只是某一个人,也肯定能让自己的人生充满希望。

WORDS OF JAKUCHO SETOUCHI

18

出口之语,应给人鼓励、使人开朗

人的言语拥有力量。对于感到不安的人,
哪怕仅仅安慰一句"没关系的",
也能让对方心生自信。

濑户内寂听身为作家，一生一直在执笔创作小说和随笔等。而在成为僧侣后，她又开始讲经说法，所以她深信言语的力量。因此对于自己工作中的助手等，她也经常大方地在人前予以表扬夸奖。

此外，在讲经说法的答疑解惑环节，一和前来求教谈心的信徒或听众碰面，她立刻就会予以赞美——夸对方"你好漂亮啊"等。被夸的人一开始会稍显惊讶忐忑，但在答疑结束后，其面色表情往往与来时完全不同。

当面受到濑户内寂听的夸奖赞美，人自然会面露喜色、心情开朗。而在濑户内寂听看来，言语就是拥有这般力量。

同理，对于忧心忡忡的人，即便无法立即为其提出解忧的办法，可哪怕仅仅安慰一句"没关系的"，也能让对方感到被救赎了一般。

有些人惜言如金，觉得"很多事情不言自明，无须特地说出口"，因此不去用言语称赞或鼓励别人。但如果可以的话，还是应该大声说出来。毕竟言语拥有力量，能给人鼓励、使人开朗。

WORDS OF JAKUCHO SETOUCHI

19

即便无法采取行动,同情和慈悲之心也很重要

哪怕只是心想"我没法提供什么帮助,可觉得当事人好可怜",亦是一种布施。

濑户内寂听可谓是"行动派作家"。当年海湾战争、美国"9·11"恐怖袭击乃至后来的阿富汗战争发生时，为了祈求牺牲者安息和立即停战，她一度绝食祈祷。而在伊拉克战争爆发时，她自掏腰包，在报纸上刊登反战宣传语。而在东日本大地震等严重自然灾害发生后，她往往都会立刻赶赴灾区，全力践行自己力所能及之事。此外，她还参加过反对安保法案和增建核电站之类的民意集会。

濑户内寂听这般卓越行动力的背后，是"人生在世，为的是造福他人"的利他思想。虽如此，她却并不强求所有人都像她一样付诸行动。

她曾说道："我希望（人们）能够拥有同情心，比如自己在家里开着暖气时，要心想'此时无家可归的人想必在受冻，他们能否撑过去呢？'——这般念想，也有意义。换言之，哪怕只是心想'我没法提供什么帮助，可觉得当事人好可怜'，亦是一种布施。"

有想法就立刻付诸行动——这样的人的确了不起。但并非所有人都会这么做或者都有条件这么做。此外，还有一些人强调"自我责任论"，认为"人倒霉都是自找的"。但对于有困难的人或者在受苦的人，还是应该抱有同情和慈悲之心。

WORDS
OF
JAKUCHO
SETOUCHI

20

决不放弃行动，
直至实现理想

我参与了那么多活动（包括反战活动等），
结果从未如意。
即便如此，我也从不放弃。

对于战争等问题，网上时而可见激烈的反对意见，有时也确实成功发动了不少群众，可由此真正造成了社会变革的案例却是凤毛麟角。对此，濑户内寂听指出"即便如此，也不可放弃"。

1991年海湾战争爆发时，濑户内在当时的居所"寂庵"门前张贴了释尊的教诲"莫杀教他杀"（此语出自《法句经》的《刀杖品》，汉译原文为"一切惧刀杖，一切皆爱生，以自度他情，莫杀教他杀"。——译者注），并进行绝食抗议。而在2003年伊拉克战争爆发时，她自掏腰包，在报纸上刊登"反对武力攻击伊拉克"的宣传语。此外，前面也提到，她还参加反对安保法案和增建核电站的集会。

她这么做的动机源于利他之心，即"人生在世，不可只顾自己，而应造福他人、贡献社会"，但她也曾说"自己行动的结果几乎都不尽如人意"，可即便如此，她依然坚持不懈。因为她拥有这样的信念——不能灰心放弃或视而不见，唯有持续抗争，才有益于这个国家的未来和年青一代。总之，面对问题，选择无视或放弃的确轻松，可唯有坚持不懈地付诸行动，才能改变社会现状。

WORDS
OF
JAKUCHO
SETOUCHI

21

不要被"可见的有形之物"左右

要学会重视"不可见的无形之物"。

前面也提到,濑户内寂听早已是名利双收的人气作家,而在如此看似"春风得意"的情况下,她却感到空虚,于是在 51 岁时出家为尼。

对于当时的心境,她后来坦言如下:

"我(那时)若是不入空门,则无疑会走上自杀之路。虽是人气作家且收入颇丰,但华丽的衣服我已穿腻,而我喜欢的男人们也没一个好的。这让我感到无比空虚,乃至心生轻生之念。"

在濑户内看来,若是只对可见的有形之物(比如金钱、房产、服饰、箱包、美食等)抱有价值认同,人就会变得贪得无厌,纵有再多的钱,也无法获得满足。

其实,凡是可见的有形之物,终会衰败破灭。鉴于此,比起可见的有形之物,更应重视不可见的无形之物,比如不基于金钱的爱情和友情、每个人的生命和心灵。

如果学不会重视"不可见的无形之物",人就永远无法获得真正的幸福。正因为如此,濑户内寂听曾强调:"人在有生之年,皆应珍视亲朋好友。"

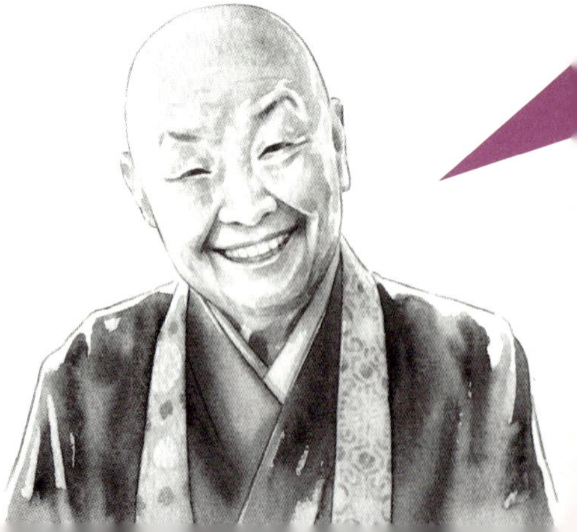

WORDS OF
JAKUCHO SETOUCHI

第三章 自尊自爱,活出自己

22

莫妄自菲薄,要昂首挺胸地做人

不要轻视自己,要肯定自己。

纵观人们在求职时提交给企业的简历，日本人往往会较为保守地描述自己的资历，而欧美人则会趋于"过度美化"。大家常说这体现了日本人的谦虚美德，但凡事皆有度，若是太谦虚，变成妄自菲薄，那就不好了。

在濑户内寂听晚年，她的秘书濑尾爱穗小姐可谓是她的得力助手。而在担任秘书一职之初，濑尾小姐有句口头禅是"我这人……"，不管碰到什么事，她总是说："我这人反正不行。"对此，濑户内寂听曾严厉地批评道："不准这么说自己，我这里可不需要这样的人。"

究其理由，因为在濑户内寂听看来，"我这人……"是轻视自己的言语，这对给予自己生命并养育自己的父母是大不敬；且每个人生来都是独一无二的，如此否定和轻视自己，可谓十分愚蠢之言。

她还指出，人是感情细腻的动物，常常会由于一些小事而丧失自信，且容易因此妄自菲薄，甚至觉得"我这人完了""我这人没有活着的价值"。其实这是大错特错，生在这个世界的自己，应该自尊自爱才对。

总之，莫妄自菲薄，要昂首挺胸地做人。唯有如此，才能获得生活的自信和勇气。

WORDS
OF
JAKUCHO
SETOUCHI

23

面对人生岔路,不选简单的,而选想走的

人生在世,必会面对足以犹豫整晚的抉择。
此时应该认真思考"自己想做什么、
想要什么",然后付诸行动。

人生伴随着一连串的抉择。其中既有比较简单的，也有令人烦恼不已的。

濑户内寂听当年离婚后移居东京，并以"三谷晴美"为笔名，开始笔耕少女小说。当时，一家出版社的社长劝她道："你考个中学教师证，就能在初中教书，这样收入和生活能稳定。到时候再从事小说创作，更为安心稳妥。"社长此言完全出于好心。

濑户内寂听起初也觉得有道理，于是去参加了东京都的教员资格考试，结果一举合格。那位社长对此大为欣喜，还特地为她谋到了一份重点女校的教师工作。那所女校当时在东京是数一数二的"贵族学校"，因此这份工作待遇甚好，可谓既体面又令人羡慕。可她在思考了整整一宿后，最后还是回绝了。

因为在她看来，若是就职，或许自己能成为一个好老师，但却再也无法成为一个好作家。从那以后，在作家生涯中，她碰到不少困难，也吃了不少苦，但从未后悔。面对人生岔路，不选简单的，而选想走的——克服万难的力量，便源于此。

WORDS OF JAKUCHO SETOUCHI 24

行动之前莫放弃，关键在于先尝试

"总之，先做做看"的态度最为重要，
而不应还没做就丧气地觉得
"自己做不来"。

大家是否有这样的经历——有时好不容易想出个点子，可在付诸行动之前自己就觉得"这肯定没戏"而匆匆放弃？

在21世纪初期的日本，用手机写并用手机看的"手机小说"曾风靡一时，其中还诞生了不少打动年轻受众的热门名作。但在当时的专业作家中，有不少人对此不屑一顾甚至嗤之以鼻。濑户内寂听起初也持类似意见，但后来渐渐转变了思想。为了了解其魅力何在，她开始涉猎手机小说，最后决定"自己也试着写点儿"。

当时的她已是86岁高龄，故而这种尝试可谓极大的冒险之举。可她说干就干——一边经常去便利店学习年轻人的用语和措辞，一边开始以"小紫（Purple）"（该名源自《源氏物语》的作者紫式部）为笔名，用手机打字，写着不甚习惯的"横版小说"。后来她的手机小说还以《明日的彩虹》为书名出版。而随着不断续更手机小说，"小紫"逐渐在读者圈里激起积极反响，有人点评道："文笔真不错，为你打气哦。"

3个月后，她公开了"小紫其实就是濑户内寂听"的秘密，于是她的手机小说愈发广受好评。后来据她回忆，刚开始写手机小说时有诸多不习惯，的确挺辛苦，可由于心中充满激动和期待，因此是一段开心的经历。

可见，"总之，先做做看"的态度最为重要。若能满怀自信地踏出第一步，便已能为人生带来乐趣。

WORDS OF JAKUCHO SETOUCHI

25

为自己打气，大可"自夸"

如果没人表扬夸奖你，
你大可表扬夸奖自己。

日本人给人的印象是"不擅褒奖他人"，这一点尤其体现在家庭中。对此，濑户内寂听曾感言道："日本男人不爱对自己的妻子言谢，也不表扬夸奖自己的妻子。"不仅如此，她还指出，日本男人似乎觉得操持家务、抚养子女乃至照顾公公婆婆皆是妻子的义务，因此疏于对自己妻子的努力付出表示感谢和赞许。其结果往往导致妻子感到无力和徒劳，困惑于"自己活着究竟是为了什么"。

为了避免这种情况，做丈夫的要表扬夸奖自己的妻子，而妻子偶尔也要表扬夸奖自己的丈夫。可有的人即便明白这个道理，也往往由于难为情或抵触心理而无法付诸行动。

那么问题来了，当周围没人表扬夸奖自己时，应该怎么做呢？濑户内寂听的答案是"如果没人表扬夸奖你，你大可表扬夸奖自己"。打个比方，如果你是家庭主妇，那么在家里也要化妆，把自己打扮得美美的，然后对着镜子里的自己笑着说"你今天也挺可爱呢！"。而在家务间隙等休息时间，大可表扬自己："我今天也很努力呢！"这看似微不足道，但却能够令人重拾自信，开朗向上。

WORDS
OF
JAKUCHO
SETOUCHI

26

与其非议别人，
不如努力提升自我

嫉妒者不知别人的努力。

有人曾说,"对于成功者,许多人只见其光鲜的结果,却忽视了其积累的诸多努力"。这句话讥讽的是一种社会现象——不少人趋于把成功者的成功原因简单粗暴地归结为"运气好",却对其获得成功之前的辛劳和努力视而不见。

这一点亦适用于濑户内寂听晚年的秘书濑尾爱穗。当年刚当上濑户内寂听的秘书时,濑尾小姐对文学界一无所知,甚至不知道濑户内寂听是一个文坛知名作家。而随着在濑户内寂听身边不断受到熏陶和自我学习,她自己也出了书,还上了电视,成了名人。这让濑尾受到了一些刻薄的非议,比如"区区秘书,也太高调了""只不过是沾了濑户内寂听的光而已"等。对此,濑户内寂听曾鼓励她道:"和我过去受到的抨击相比,(你这点儿)不算什么。"并对她开导如下:

"你一直在努力,可嫉妒你的人并不知道你所付出的努力,他们只看到了事物表面,于是主观认为'(你)只是走运了而已''(你)全靠濑户内寂听'。"

贬低他人或许能让自己暂时"心情畅快",但并不能提升自己的价值。所以说,与其嫉妒他人,不如自己努力去获取名声。

WORDS OF JAKUCHO SETOUCHI

27

发展爱好、快乐生活，亦不失为一种才能

即便才能未开花结果，
只要能热衷于自己喜欢的事，
人生就有意义。

濑户内寂听当年摆脱婚姻关系、毅然走上小说创作之路，是缘于她对自身爱好的坚持。当时，她并不确信自己"能成为小说家"，而只是单纯因为"喜欢写作"而勇敢迈出了这一步。但这种兴趣爱好的原动力，的确成了她发挥才能的契机。

濑户内寂听自己曾说："文学艺术，才能为本。"没错，才能固然重要，但激发才能的引子是基于兴趣爱好的强烈热情。当然，有的人出于种种原因，只得把自己的兴趣爱好搁置雪藏。但在濑户内寂听看来，"人无论年纪大小，都能发现自己的兴趣爱好；人无论年纪多大，发展兴趣爱好都不算晚。"——此话等于在鼓励人们勇敢尝试自己的兴趣爱好。

具体来说，如果喜欢上了书法，就去练书法；如果喜欢上了绘画，就去学绘画……换言之，不要在乎年龄，有兴趣爱好就去实践，这样或许能意外发掘自己潜在的才能。而即便才能未开花结果，只要能热衷于自己喜欢的事，便可自信地认为"自己的人生有意义"。

总之，发展爱好、快乐生活，亦不失为一种卓越的才能。

WORDS OF JAKUCHO SETOUCHI

28

唯有集中一处,才能的花苞才会盛开

人人都有许多个"才能花苞"。

可一旦认定一个,就要舍弃其他。

日本象棋界名人藤井总太龙王（"龙王"是日本象棋界的八大头衔之一。——译者注）在高三时退学。他所在的高中是升学率颇高的重点高中，且他的在校成绩也算优秀。也正因为如此，对于他退学的决定，当时社会上存在一些惋惜之声。但他的象棋师父杉本昌隆八段当时公开赞同和鼓励他道："不拘泥于毕业不毕业这种形式的东西，这很符合藤井二冠王（当时的战绩称谓）的作风。我希望他专注于象棋，取得更高的造诣。"

而在濑户内寂听看来，即便没有藤井龙王这种人中龙凤的绝对才能，我们每个普通人也有许多个待开发的"才能花苞"。可若是"面面俱到"，则必然难以大成。懂园艺的人都知道，要想栽培出硕大的玫瑰，就要在一根枝条上只保留最饱满的那个花苞，对于其他的花苞，则要果断摘除。而濑户内寂听指出，培养发展个人才能亦是同理。一旦认定一个"才能花苞"，就要舍弃其他。

换言之，要想收获成功，就要学会做减法，而一旦认定，就要充满韧劲。哪怕这么做会让自己当下收入拮据，甚至糊口都困难，也要抱有"咬定青山不放松"的觉悟。

总之，一旦认定，无论如何都要坚持下去。根据濑户内寂听的经验，这一点最为关键。

WORDS
OF
JAKUCHO
SETOUCHI

29

能自己决断和负责,
才算是成年人

自己的人生,唯有自己负责。

人生就是一个不断作出决断和选择的过程。其间，究竟是自己决定，还是他人为你决定，可谓是差别巨大。

若是什么都听母亲的、听老师的，在公司又听上司的，那么一旦结果不顺，就能责怪"都是母亲不好""都是老师不对""都是上司的指示有问题"。换言之，在这种情况下，对于失败，可以"甩锅"给他人，因为自己只是奉命行事而已。

反之，若是自己决定之事，则只能自己全权负责，而无法推诿责任。再说回濑户内寂听，前面也多次提到，她当年曾抛下女儿，独自离家出走。当时是寒冬2月，可她就穿着那身衣服，身无分文地说走就走。直到许多年后，她的这段历史依然受到不少人的指责和批判。而濑户内寂听在表示"自己对此负有全部责任"的同时，也毅然强调道："若是没有那一天（离家出走），也就没有今天的我了。"

总之，若是自己作出的决断和选择，那么即便之后遭遇逆境或苦难，自己也必须全权负责。在濑户内寂听看来，"自己的人生，唯有自己负责"。

WORDS OF JAKUCHO SETOUCHI

30

畅游书海,锻炼想象力

从个人经验出发,
我至今依然觉得"乱看书"不是坏事。

从很早以前,"人们不再看书"的世相就开始出现。的确,如今这个时代,不看书也能获得知识,且有许多比看书更有乐趣的娱乐和消遣方式。但同时不可否认的是,纵观那些成功人士,其中不少都是"从小泡在附近的图书馆,每天读好几本书"。

濑户内寂听亦不例外,她从小喜欢阅读。她父母对她实施的是"放任教育",即"子女教育交给学校就好"的方针。而对于她买书,她父母既不反对,也不干涉和审查她看什么书。所以对于书籍,她当时可谓不加甄别地"乱看一气",甚至还染指了"儿童不宜"的言情小说乃至色情小说。

但随着时间的推移,她渐渐培养了自己的鉴赏能力,懂得了如何甄别适合自己的好书。也正因为如此,她觉得"乱看书"不是坏事。读书能够锻炼一个人从文章的字里行间品出作者意图的感受力和想象力,且还能给读者带来诸多人生启示,比如"居然能从这样的角度看问题""居然还有这样的活法"等。总之,弥补学校所教知识的不足之处,并锻炼对人生极为重要的想象力,便是读书的妙处。

WORDS
OF
JAKUCHO
SETOUCHI

31

人生在世,要自爱自尊

学生为何要心存自卑?

学校成绩又不代表一个人的一切,

因此大可为自己感到骄傲。

前面也提到，从1988年起的4年间，濑户内寂听曾担任福井县敦贺女子短期大学（2013年关闭）的校长。当时该校才刚到成立的第3个年头，因为招生困难，所以恳请有知名度的濑户内担任校长。而她并非只是任个虚职，而是真正在勤勤恳恳地开展工作。

当时她还每周授课一次，讲的是《源氏物语》。她的课人气极高，甚至吸引了从其他县专程赶来的校外听众。此外，她还亲自甄选并捐赠了3000册小说等图书给学校图书馆。不仅如此，她甚至亲自前往县内的各个高中，去宣传自己的学校，并欢迎学生来自己的校长办公室倾诉烦恼。其中，她一直对学生强调的一点是"要为自己感到骄傲"。

由于敦贺女子短期大学当时建校历史颇短，所以招到的学生自然成绩也较为一般。也正因为如此，心存自卑的学生不在少数。对此，濑户内寂听对她们予以开导——"学校成绩又不代表一个人的一切，你诚实、纯真、善良，是个可爱的女孩子""你的心灵很美"……从而让她们认识到一个人灵性层面的重要性。人生在世，关键要自爱自尊——这便是濑户内寂听最想传达的理念。

WORDS
OF
JAKUCHO
SETOUCHI

32

衡量自己要用自己的尺，而不是他人的尺

若是一味用他人的尺来衡量自己，
自然会变得惴惴不安并丧失自信。

对于心理学领域经常使用的分析法"类型分类法",心理学家阿尔弗雷德·阿德勒曾告诫道:"该分析法虽方便,但需慎用。"他的理由是,理解人的大前提是"了解每个人的差异,尊重每个人的存在",而非"把人用类型来嵌套划分"。

濑户内寂听亦持类似想法。她认为,这个世上没有完全一样的两个人,"人人各异"乃天经地义。

比如,有的孩子不爱学习功课却有绘画天赋,有的孩子数学不行却擅长各种体育运动。即便如此,纵观许多家长,却常常爱把自己的孩子和别人的孩子去比较,然后嗟叹"我们家孩子学习不行"。如此一来,孩子也会在潜移默化中用他人的尺来衡量自己,从而使自己灰心沮丧、惴惴不安。

于是,自己难免会忽视自己难得的天赋,而一味关注自己的短处。

作为个体,人们彼此之间存在差异可谓理所当然。鉴于此,我们在衡量自己时,应该用自己的尺,而不是他人的尺。若想发挥个性、活出自我,这一点非常重要。

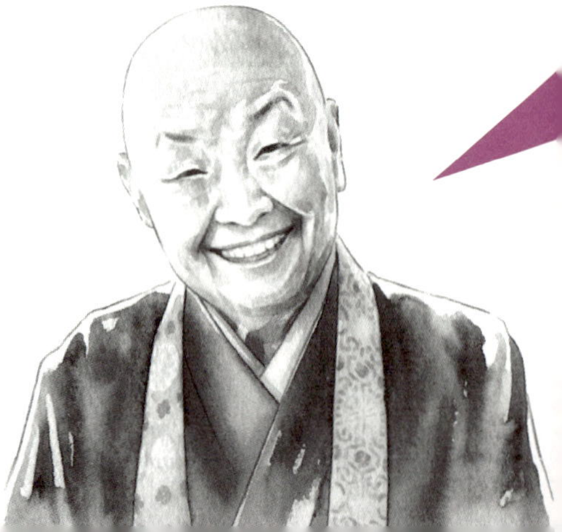

第四章　有爱而活

WORDS OF
JAKUCHO SETOUCHI

WORDS
OF
JAKUCHO
SETOUCHI

33

难受时,请对着镜子微笑

笑容伴随着好事,因此微笑能吓跑不幸;
反之,若是哭丧着脸,就会招来不幸。

一提到濑户内寂听,人们往往会在脑中浮现出她那招牌式的笑容。即便有时发言内容严苛或辛辣,但得益于她那温暖的笑容,因此能够让听话者虚心接受。

濑户内寂听曾说,佛教讲布施(即把自己的财富等重要之物施与他人),而即便无财无物,也有可以践行的布施,那便是"无财七施"。这"七施"之一是"和颜悦色施",即"以笑容待人"。的确,一个人若是面带笑容,其不但能让周围的气氛和谐,还能发挥令他人"心生正面情感"的力量。

在当下,可谓人人都有自己的烦恼和苦处。即便如此,也不可整日愁眉苦脸。按照濑户内寂听的说法,这样只会"招来不幸"。

一个人若能珍惜当下时光、做自己喜欢的事,便能保持笑容。而如此一来,不仅能给周围人带来幸福,还能让自己精力充沛、心态开朗。

一旦工作不顺或碰到人际关系方面的问题,人往往会不知不觉地把负面情绪写在脸上。此时,哪怕心里不情愿,也要对着镜子微笑。道理很简单——笑容必然伴随着好事。所谓"笑一笑,喜事来,坏事跑",笑容就是有这样的功效。

WORDS
OF
JAKUCHO
SETOUCHI

34

夸赞给人以力量

若是有心夸赞别人，
就会发现人人皆有值得夸赞的优点。

有句话叫"对人要夸也要训",但比起被训,几乎所有人都更乐意被夸。且不少人会由于被夸赞而心生自信。

濑户内寂听在40多岁时,曾一度丧失自信,甚至抑郁到手脚无力。在朋友的介绍下,她去找当时精神分析领域的名医古泽平作看病。在古泽医生的治疗下,她逐渐康复。而对于当时的治疗过程,有一点令她印象深刻。当时每次去接受治疗,古泽医生都会夸赞她几句,比如"你今天的发型很适合你""你今天的腰带和和服的配色很搭"等。这让失去自信的她感到十分开心,且提升了治疗效果。

后来出家为尼后,对于上门来谈心诉苦的人,濑户内寂听也同样予以夸赞。比如"你的笑容好可爱""你这件衬衫的款式真美"等。这种看似微不足道的褒赞,会让人觉得"说话人站在自己这边",从而心生欣喜。

任何人内心都有引以为傲的优点。若是有心观察,必能发现一二。而若是加以夸赞,便能给人以力量,并缓解对方的压力,助其解开心结。

WORDS OF JAKUCHO SETOUCHI

35

一味希求的"渴爱",不如不求回报的"慈爱"

爱情的本质是"零利率",
可人们却在彼此要求"高收益率"。

纵观如今的年轻人，对于包括婚姻关系在内的人际关系，不少人用"性价比"来判断衡量。那么问题来了，人际关系是否能基于"性价比"这样的概念来定义好坏呢？

对此，濑户内寂听指出，佛教把爱分为"渴爱"（"渴爱"着于五欲，如渴而爱水，故得此名。——译者注）和"慈爱"。前者是永不知足的自我欲望，而后者是不求回报的无偿大爱。

濑户内寂听还认为"爱情的本质是'零利率'，是原谅"。可纵观世间，有的人却在彼此要求"高收益率"。比如，对于子女，有的父母要求道"我辛苦培养你，从小学一路到大学，我们老了当然要你照顾"；有的人给邻居分了点儿时鲜水果，见邻居没有回礼举动，就说对方"抠门"。这种公然要求回报，并由于未得回报而心生怨念的心态，就属于"渴爱"的典型。

可长此以往的结果，只能是互相伤害、彼此烦恼。鉴于此，濑户内寂听强调，只知付出、不求回报的"慈爱"方为真爱。

WORDS OF JAKUCHO SETOUCHI

36

只给不求

真正的爱情,应该是"乐于付出,所以付出"。

有一位心理学专家从自己照料年老父母的经验出发，得出心得："不要希求父母感谢你的照料，'父母还活着'这件事本身就值得感谢感恩。"众所周知，照料老人十分辛苦和不易，哪怕照料对象是自己的亲生父母。不仅如此，随着年龄增长，老人往往容易变得任性，不太懂得感谢周围的人。于是，不少照料父母的子女会心生不满乃至怨念，觉得"自己明明都这么辛苦付出了……"，而上述心理学专家对此给出的建议是"'父母还活着'这件事本身就值得感谢感恩，若不保持这样的心态，是坚持不下去的"。

不止照料老人，我们平时为别人做了什么后，心中往往会期待回报。所期待的回报有时是"希望对方表示感谢"，有时是"希望对方予以回礼"。对此，濑户内寂听指出，"真正的爱情，应该是'乐于付出，所以付出'"。换言之，在她看来，"一味付出，一味给予"才可谓真爱。

至于其理由，是一旦希求回报，欲望就会升级加码，进而渐渐不懂知足，最后影响乃至破坏珍贵的感情关系。总之，若真是"乐于付出，所以付出"，那么大可不必去纠结回报，只要"一味付出，一味给予"即可。

WORDS OF JAKUCHO SETOUCHI

37

彼此谅解，方能和睦

夫妻之间也好，恋人之间也好，
朋友之间也好，在生对方的气时，
要多想对方的好。

在濑户内寂听看来，人与人之间的感情的难点在于"量差"，即双方的爱意不会永远等量。具体来说，若是双方一直以相同程度彼此喜欢，那自然是最理想的。可在现实之中，有时自己还深爱着对方，对方的感情却在冷却；有时对方还对自己热情如火，自己却已开始变心。

这样的"感情量差"有时会导致分手，有时会导致夫妻关系恶劣，甚至"不愿与对方在一个屋里呼吸同样的空气"。

自从开始给人解忧开导后，来找濑户内寂听谈心的人之中，不乏抱有上述烦恼的人。而不管前来咨询的人是苦于友情关系还是男女关系等，她都会建议道："在生对方的气时，要多想对方的好。"

当觉得对方令人抓狂时，要试着回想与对方关系和睦时的种种。如此一来，便能平复心态，觉得"那时彼此那么要好，如今对方虽然让人来气，但也算了吧"，从而心生谅解。毕竟自己或许也在不知不觉中惹过对方生气，并得到对方的默默谅解。总之，不要觉得"为什么受伤的总是我"，而要明白"彼此谅解，方能和睦"。

WORDS OF JAKUCHO SETOUCHI

38

夸奖是才能的催化剂

人人皆有自己的才能,
关键看其身边是否有"伯乐"。

一个人无论才能多么卓越，若是没有发现和培养他（她）的"伯乐"，他（她）的才能便难以开花结果。

世界著名音乐指挥家小泽征尔出生在一个绝对谈不上富裕的平民家庭。但他母亲在他年幼时听到他唱赞美歌，便惊觉他有"特别的音感"。打那以后，她就积极培养自己儿子的音乐才能。即便后来一度生活困顿，她也从未动过变卖家中钢琴的念头。这使小泽得以埋头练琴。

濑户内寂听亦有类似遭遇。在她上小学二年级时，每次上作文造句课，她的成绩表现都是全班第一。任课老师对她予以夸奖，使她察觉到"自己或许在写文章方面有天赋"，这成为她日后立志成为小说家的动机之源。

在濑户内寂听看来，这世上不存在"毫无才能"之人。换言之，人人皆有自己在某一方面的才能，关键看其身边是否有能够尽早发现和发掘的"伯乐"。

鉴于此，如果家长或大人看到自己或别人的孩子老是在画画，就不要训斥"你怎么整天就知道画画！"，而应该夸奖"你画得真好！"。这简单的一句表扬，或许就能强化孩子对绘画的兴趣，从而助其入门乃至精通。

WORDS
OF
JAKUCHO
SETOUCHI

39

取悦家人,家庭圆满

每天至少要夸奖家人一次。
这既是家庭关系圆满的秘诀,
也是保持美丽的秘诀。

佛教的五戒之一是"不妄语",即不妄言、不说谎之意。但在濑户内寂听看来,若是取悦对方的善意谎言,则多多益善。比如夫妻之间,若是彼此心里想什么就说什么——"你越来越老了呢!""你的用餐举止真让我厌恶。"……那结果会怎样?当然是争吵,甚至导致家庭分崩离析。

人一旦对他人产生厌恶之情,就能不断找出对方值得厌恶之处,最后甚至觉得对方拿筷子的举止都令人不快。可一家人若是这样,便不可能和谐相处。对此,濑户内寂听建议,为了避免陷入这种负面关系,哪怕言不由衷,也要试着夸奖和取悦对方。哪怕看到丈夫的脸都觉得厌烦,偶尔也要"违心"地夸一夸丈夫"你最近好像变年轻了呢"。丈夫听到这样的话,当然会觉得开心。

在企业经营管理学中,有个活跃职场气氛的秘诀叫"小事也要予以表扬"。这在家庭关系中亦适用,因此我们每天至少要夸奖家人一次。这看似小小的努力,便能令家庭关系圆满,并使家人笑口常开、和和睦睦。

WORDS
OF
JAKUCHO
SETOUCHI

40

每月一次,犒劳身心

自己心情愉悦,方能体恤他人。

人生在世，遇到的自然并非皆是乐事。有时心怀烦恼，有时受苦受累。有的人忙于抚养孩子或照料老人，尤其是一些年轻人，出于各种原因，不得不早早背负照料父母或长辈的责任，大大压缩了自己的活动和娱乐时间。

对于这样的辛苦和不易，濑户内寂听深表理解，但同时也建议"要学会犒劳自己"。就拿她自己来说，在每日的忙碌中，也有深感疲惫或愤懑不悦之时，此时她会选择享受美酒和美食。由于她患有糖尿病，对于饮酒和饮食，医生都要求她节制。但她有时还是会豁出去，以"死了也无妨"的心态，去附近的酒馆喝个痛快。

此外，濑户内寂听还会通过"平静独处"来犒劳自己。她会独自在屋里，一个人用漂亮的包装纸制作小袋子，或是捏土质佛像（这是日本佛教的修行方法之一，其与抄经一样，是佛教信徒常常采用的修行之法。——译者注）。对此，或许有人会说"我可没有这样的闲工夫"，但犒劳自己其实很重要，因为唯有自己心情愉悦，方能体恤他人。越是辛劳忙碌，越需要挤出时间来犒劳自己的身心，至少每月要有一次。

WORDS OF JAKUCHO SETOUCHI

41

以情维系,方能长久

婚姻危机必会屡屡来临。
克服它们,才算夫妻。

在来听濑户内寂听讲经说法的人之中，有一些人对自己的婚姻关系抱有烦恼，其烦恼涉及方方面面。

濑户内寂听很年轻时就已结婚，可数年后抛下女儿，离家出走（详见本书第063页）。在40多岁时，她与一位作家有过一段恋情，但之后又告分手。从这些情感经历出发，她明确指出，根本不可能有所谓"永远不灭的爱"。

日本有句俗语叫"麻子也看成酒窝"（其义与中文的"情人眼里出西施"类似。——译者注）。顾名思义，自己喜欢的人即便脸上有麻子，也觉得如酒窝般可爱。但在濑户内寂听看来，这只是一时的错觉，且这样的错觉"顶多持续两年"。换言之，终有一天，对方脸上的麻子会"看起来就是麻子"。可话虽如此，纵观世间，并非每对夫妻最后都会离婚。

恋爱的感觉或许最多只能持续两年，但随着一同生活，彼此会产生类似友情的情感。这使得有的夫妻即便对彼此有所不满，也能相互谅解。

总之，新人在婚礼时常常起誓的"爱你到永远"并不现实，且婚姻危机可能会屡屡来临。但作为人生伴侣，一同克服它们，才算是夫妻。

WORDS
OF
JAKUCHO
SETOUCHI

42

被爱不如去爱

爱人会伴随苦痛,但更多的是快乐。

基于对20岁至49岁的日本未婚男女的抽样问卷调查，日本婚姻调研机构"RECRUIT BRIDAL 总研"发布了《2019年度恋爱·婚姻调查报告》。该报告内容显示，在问卷调查对象中，目前有对象的约占三成，单身的约占七成。而在后者之中，表示"想找对象"的超过五成，但其中大多数人不愿积极行动。在各种理由中，排名前三的是"谈恋爱太麻烦""缺乏自信""谈恋爱太费钱"。

对于如今这种社会大众的倾向，濑户内寂听指出："恋爱本身就是件麻烦事。因为一旦谈了恋爱、有了对象，就不能什么都只顾自己方便，而必须为另一半考虑。"

的确，谈恋爱不但麻烦，还会让自己受伤、烦恼和苦闷。就拿濑户内寂听来说，在出家为尼之前，她也在感情方面受过伤、有过痛。而她从这些亲身经历中得出的结论是"恋爱这东西，没有道理可循"。她还指出，"爱人会伴随苦痛，但更多的是快乐"。

总之，在濑户内寂听看来，不止恋爱或婚姻关系，"去爱别人"本身就是人生在世的意义之一，若是未曾爱过地度过一生，则甚为可惜。

WORDS OF JAKUCHO SETOUCHI

43

有过苦痛,方能共情

人越是经历过苦痛,越是懂得去爱别人。

许多人不愿谈恋爱的理由是"害怕受伤"。该逻辑是"既然谈恋爱会让自己受伤,那么不谈更安全"。的确,谁都不乐意失败或受伤,因此"尽量规避风险"也是人之常情。但另一方面,经历失败,人才会成长。在感情等方面有过伤痛,也能从中学到许多。

在濑户内寂听看来,"烦恼苦痛"并非单纯的负面之物。人在经历烦恼苦痛后拨云见日时,便是心灵得到磨砺和成长的瞬间。此外,一个人若是之前只知考虑和关心自己,那么在经受烦恼苦痛后,就能渐渐理解周围人在经受烦恼苦痛时的心情。

反之,若是人生一帆风顺,从未受伤,也从不知失败和挫折之人,即便在脑中努力想象他人的苦痛和不易,也无法做到真正意义上的理解和共情。濑户内寂听自己也坦言,在迈入高龄后,她几次被病魔折磨,才真正体会和理解了病痛之苦。可见,人越是经历过苦痛,越是懂人心、能共情,从而成长为善解人意、富有魅力之人。

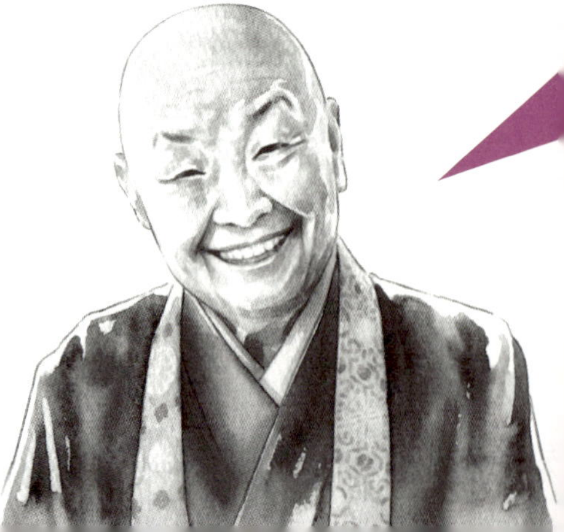

第五章 学会忘却和改变,才能活下去

WORDS OF
JAKUCHO SETOUCHI

WORDS
OF
JAKUCHO
SETOUCHI

44

学会忘却,积极前行

"忘却"是人的宝贵能力。

人生在世，势必会遭遇无数悲苦。即便如此，日子还是要过，人还是要活。

在濑户内寂听主持的讲经说法等法布施活动中，有不少听众怀着悲痛之情前来。他们之中，有的失去了自己的父母，有的失去了自己的兄弟姐妹，还有的失去了自己的子女……有的人流泪哽咽，向濑户内寂听倾诉自己的悲痛。在这种情况下，濑户内寂听往往会握着对方的手，说："你是不容易，你是很痛苦"，然后与其一同哭泣。因为在她看来，并不存在什么能够立马排解对方悲痛之情的妙语或解答。

最后能帮助当事者撑过去的，是"忘却"的力量。换言之，面对悲痛和痛苦，唯有等待时间去冲淡它们。

人在遭遇悲痛之事时，有的起初会茶饭不思，有的甚至如生病般久卧在床，无法起身。对此，濑户内寂听指出，随着时间推移，这样的悲痛会被冲淡，直到有一天他（她）自己突然发现"今天脑子里已经不去纠结了"，从而逐渐恢复精神。她强调，这并非"薄情"，而是上天赋予人类的宝贵能力——"忘却"。

总之，"忘却"是人的能力，它能让"伤口"结疤，让人积极前行。

WORDS OF JAKUCHO SETOUCHI

45

改变视角,坏事变好

苦闷时,请换个角度看问题。

前面也提到，从 1987 年至 2005 年，濑户内寂听一直担任岩手县二户市天台寺的住持，并以成功复兴该寺院而闻名。尤其是当时每月举办一次的"青空佛法讲座"，前来听讲座的人常常会多到挤不进寺院。哪怕后来移居京都后，她依然持续开办"青空佛法讲座"。但在步入 90 岁高龄，接受了心脏和足部的手术后，她实在觉得"自己吃不消再去寺里讲经说法了"。

可在濑户内寂听担任天台寺住持 30 周年之际，基于寺院方面的恳求，她硬是拖着年老体弱的身体前往。那天一到寺院，她看到有 5000 多人等着听她讲经说法。受到这莫大能量的激励，她居然站着讲了 50 分钟。

在那之前，对濑户内寂听而言，"青空佛法讲座"似乎是一种义务，有时甚至觉得"自己的能量不断被听众吸走"，从而感到疲惫。但她在手术康复后再次讲经说法时，看到听众们因为见到她喜极而泣，惊觉"原来自己不是功德恩惠的施予者，而是接受者"。于是，她之前的疲劳感一扫而光，从而能够精神矍铄地开讲。

在疲惫苦闷或陷入僵局时，不妨换个视角。比如，哪怕觉得"自己的婆婆真是讨厌"，只要一想"假如没有婆婆，自己所爱的丈夫就不会生出来"，心态就能稍微平和一点。总之，只要改变哪怕一点点视角，对于相同事物的看法和感受就会有所不同。

WORDS OF JAKUCHO SETOUCHI

46

或倾诉，或记录，排遣烦恼

人若是把烦恼以言语的形式释放，
之前如水泥般密闭的心灵就能有气孔透风。
一旦透风，思维便能拓展，
进而做到"客观审视自我"。

濑户内寂听曾一度宣布"不再接受'人生烦恼'之类的咨询"。可在51岁出家为尼后，秉着"出家人有义务倾听他人烦恼"的思想，她又开始听人诉苦，以及阅读相关来信。

人生在世，必会遭遇许多辛劳困苦。在事与愿违时，人常常会感到焦躁乃至愤怒。各种烦恼会让许多人想不通，不知"自己到底该如何是好"，从而愁苦不已。而在濑户内寂听看来，一个人的烦恼，不是找人咨询就能立马解决的，但若是持续把烦恼憋在心里，则会令人痛苦得喘不过气来。

鉴于此，濑户内寂听坚持倾听他人的烦恼，但并不执着于给予对方答案。换言之，比起"提供具体建议"，她重视和贯彻的是"倾听"和"安慰"。她的理由是——人若是把烦恼以言语的形式释放，之前如水泥般密闭的心灵就能有气孔透风。一旦透风，思维便能拓展，进而做到"客观审视自我"。

总之，当心怀烦恼而不知所措时，大可找人倾诉。若是无人可倾诉，就把烦恼写进日记里。这样等于在为自己创造"找出解决之策"的契机。

WORDS OF JAKUCHO SETOUCHI

47

不能理解,亦可相助

精神层面也好,肉体层面也好,
有的苦痛,若不亲身体会就很难理解。

濑户内寂听作为作家，自然拥有卓越的想象力，因此能够写出打动人心的作品。她在20多岁时开始参加"断食道场"（在日本，"断食道场"是开展节食、减肥、排毒等健康活动的组织。——译者注）的活动后，身体就一直保持着健康状态。但也正因为如此，她后来坦言，在很长时间内，她其实都无法真正理解病痛。

在她讲经说法时，听众中不乏倾诉病痛之人。对于他们，濑户内寂听当然会亲切地慰问道"你不容易""你受苦了"。那时的她认为自己懂得对方的痛苦，可直到2010年的某一天（88岁），当时她在因公出差，突然一阵剧痛袭来，这使她不要说走路，就连站立都困难。经医生诊断，她得了腰部脊柱管狭窄症。于是她先是住院，卧病在床；出院后住在寂庵，每天都在忍受着疼痛。而这样的经历，让她头一次真正体会到了病人的痛苦和艰辛。

对此，她感言道，"自己得病后，方才理解病人的痛苦""精神层面也好，肉体层面也好，有的苦痛，若不亲身体会就很难理解"。

鉴于此，濑户内寂听指出，在见到有人受苦时，首先要认识到"自己对对方的痛苦不甚理解"的事实，但仍然应该出手相助——这一点很重要。

WORDS OF JAKUCHO SETOUCHI

48

愤怒时,需冷静

愤怒这东西,最好不要直接宣泄在对方身上。
如果实在忍不住,就在自己屋里扔扔字典吧。

在如今这个网络社交媒体极度发达的时代，经常曝出用户（尤其是网络名人大V）在网上与人直接争吵的新闻，从而成为网友们屡屡围观的热点。至于当事人"发飙"的理由，常常是网上某个帖子或某篇新闻报道触怒了自己。由此可以引出一个高难度的问题：一个人该如何对待和处理自己的愤怒？

1957年，濑户内寂听出版了自己的小说《花芯》后，遭到圈内的强烈批判。一些文学评论家和小说家同行称她为"子宫作家"。当时的她对此极为愤怒，于是辛辣地反击道："说这种话的评论家和小说家，恐怕都患有勃起障碍，而他们的老婆也大概十有八九都是性冷淡吧。"此话一出，将近5年间，没有一家文艺杂志对她邀稿。

这让她明白，愤怒这东西，最好不要直接宣泄在对方身上。哪怕实在忍不住，也不要攻击对方，在自己屋里扔扔字典算了。

不仅如此，在出家为尼之前，濑户内寂听有时会歇斯底里，乃至做出剪自己头发的过激行为。但通过这样的经历，她学到了该如何对待和处理自己的愤怒。她的答案是"无论如何都莫要爆发怒气。关键要直面这种愤怒和生气的感受，然后想办法排遣化解它们"。

WORDS
OF
JAKUCHO
SETOUCHI

49

得饶人处且饶人

即便自己有理,也不要逼人太甚。

如今，艺人等公众人物一旦有错误言论或行为，常常会遭受激烈批斗。参与批斗的群众或许觉得自己在高举"正义大旗"，但其实这是把别人逼上绝路的行为。

在濑户内寂听看来，这种"因为看不惯"而攻击他人者，实在"太过以自我为中心"。她还指出，人皆会犯错，而在有错后得到原谅，才能活下去。所以说，如果因为所谓"正义"或憎恨对方而揪着对方的错误不放，力图把其"批倒批臭"，则并非正确之举。"一个人活着，就是不断犯错和被原谅的过程。既然自己一直在被别人原谅，当然也必须原谅别人"——这便是濑户内寂听的思维方式。

而她自己的确也是这么做的。比如在私生活中劣迹斑斑乃至被判有罪的演员荻原健一，濑户内寂听曾一度把他藏在自己的住处寂庵，让他接受"比蹲监狱更清苦严苛的修行"。再比如因STAP细胞学术造假丑闻而遭受抨击的小保方晴子〔她于2014年1月宣称发现了类似干细胞的多能细胞（STAP细胞）。但后来日本理化所认定她的STAP细胞论文中存在篡改和捏造等问题，属于学术造假。同年10月，她的博士学位被早稻田大学取消。——译者注〕，濑户内寂听曾亲切地鼓励她走出那段黑暗经历。

总之，无论何时，都要学会宽容体谅，懂得"得饶人处且饶人"。

WORDS OF JAKUCHO SETOUCHI 50

遇好事不傲慢，
遇坏事不沮丧

人有旦夕祸福。

关键要尽量保持平常心。

古人有云"成败之转,譬若纠墨""塞翁失马,焉知非福"——这种阐述人的祸福运数的谚语有很多。其主旨大多相同,即"祸福既难预测,亦难判断"——有些好事其实并非好事,有些坏事其实也非坏事。

前面也提到过,濑户内寂听晚年时聘用的秘书濑尾爱穗曾一度成为媒体的宠儿,以"寂庵的美女秘书"为名,见诸各媒体头条。对此,濑户内寂听曾点评如下:

"现在的她顺风顺水,但这样的情况终会有变。她或许有一天人气戛然而止,或许有一天文思枯竭,或许有一天突然离婚——这没人能预测。"

这番话似乎是在给濑尾爱穗的幸福状态泼冷水,但其实是濑户内寂听身为"人生前辈"的箴言。若是能明白这人生的无常之理,在好事不断时做好"恐有坏事到来"的心理准备,在诸事不顺时保持"好事必将发生"的积极心态,便能处变不惊、踏实生活——这便是濑户内寂听的信条。

WORDS OF JAKUCHO SETOUCHI

51

鼓起勇气,战胜不幸

不知为何,人生在世,
好事或坏事往往扎堆到来。
若遭遇后者,则应自立自强、勇敢面对。

宗教原本旨在救赎世人，但不知为何，如今有的人却在利用宗教，把它作为自己的敛财工具。

对于一种宗教究竟是正是邪，濑户内寂听有自己的辨别方法，她指出，"只要看该宗教团体是否在赚得盆满钵满即可"。

话虽如此，纵观世间，还是有不少人上邪教的当。究其原因，濑户内寂听曾点拨道："这是由于人生在世，好事或坏事往往会扎堆到来。"若是前者，则自然欣喜非常；可若是后者，就会令人渐渐陷入不安，从而变得软弱动摇。

此时，以诈骗为目的的邪教便会乘虚而入，拿"前世罪孽"说事，并加以威胁恐吓，比如"若恶灵不除，你就会变得愈发不幸"等，从而要求受害人支付高额的"消灾费"。对于这样的骗术，濑户内寂听厉声谴责，同时她也呼吁人们"不要被不幸击败，应自立自强、勇敢面对"。

为此，我们需要有自我判断力，从而认准自己该走的路。换言之，"冷静沉着的理性"和"战胜不幸的勇气"是每个人都应具备的素质。

WORDS OF JAKUCHO SETOUCHI

52

活出自我,莫要被世间的价值观束缚

世间的价值观说到底也只是人制订的,因此大可不必过于拘泥。

经历过二战结束和日本投降的日本人，尤其是当时还是孩子的那一代人，回顾那段往昔，他们感慨最多的，是"国家和社会的价值观在一夜之间面目全非"——学校教授的内容也随着战争的结束而彻底改变。这让他们之中的许多人切身感受到"自己被灌输和坚信的东西，其实并非正确的"。

濑户内寂听生于1922年，日本停战投降时，她20岁出头。也正因为如此，她深知"日本社会的价值观和道德标准，皆是当权者和执政者的意志而已"，所以她早就明确表示"自己才不信这些"。

就拿她当年"抛夫弃女，离家出走"的行为来说，在日本投降之前和投降后不久的那个年代，女性不要说独自离家出走，就连走标准程序离婚，都会被视为"离经叛道，愧为人母"之举。可如今呢？离婚已是司空见惯，离婚后依然光彩照人的女性亦不在少数。

再比如，对于"女子气质""男子气概"的概念和定义，最近亦有巨大变化。鉴于此，濑户内寂听指出，世间的价值观和道德标准皆是人制订的，因此莫要被它们束缚。即不要在意别人的眼光，关键要活出自我。

WORDS
OF
JAKUCHO
SETOUCHI

53

人生若触底，之后必反弹

若是跌入人生谷底，
则之后只能是反弹上升。

就如繁荣和萧条周而复始的经济环境一般,人生亦有好运歹运时,且哪一方都不会永远持续。

佛教有云,"生生流转""诸行无常"。意思是"诸事诸象皆不长久"。纵观世间众人,有的人看似好事连连,有的人看似霉运不断,有的人看似会持续顺风顺水,却突然从顶峰跌落。对此,濑户内寂听指出,无论多么艰辛和痛苦,都绝不可以放弃希望。

她的理由是"触底反弹"。换言之,她坚信,一个人即便眼下坏事不断、处境窘迫,这样的歹运和不幸也不可能永远持续,而一旦跌入谷底,接下来就能够触底反弹。

对此,或许有人觉得这只是一种"精神胜利法",但纵观世间,的确有不少人在经历过人生谷底后,以"触底反弹"的积极心态,重新振作并走出困境。

总之,正因为"世事流转,皆无永恒",人才能活下去。

WORDS
OF
JAKUCHO
SETOUCHI

54

树挪死，人挪活

若是觉得待遇不公或环境不适，
则大可一走了之。

日本有句俗话叫"花钱也要买苦吃",意思是"人要成长,就需要经历和克服困苦"。换言之,这种在日本较为普遍的思想认为,一旦遭遇困境或痛苦,试图"从中逃脱"是不对的,因为这样的人"无法获得成长"。

但在濑户内寂听看来,面对困境或痛苦,不必一味觉得"这就是自己的命"而默默承受,为了求变,"一走了之"亦无妨。比如因为在学校遭到霸凌而不愿上学,又比如被黑公司压榨而身心俱疲——对于这种情况,濑户内寂听的建议是"立马走人,换个地方"。虽然这样可能会招来家人或亲戚的非议,比如"被周围邻居知道的话太丢脸,你应该坚持去那里上学!""受这点儿苦就辞职怎么行?!"等,但她认为,"逃离恶劣环境,亦是一种对策"。

而如果较为排斥"逃离""走人"之类的说法,那大可认为自己是在"主动改变环境",即所谓"树挪死,人挪活"。纵观世间,或许有不少人觉得"逃＝厌",但的确有许多人通过如此"主动改变环境"而恢复了精神和活力。

WORDS OF JAKUCHO SETOUCHI **55**

不必挂念，但应偶尔想起

坟墓不是为了逝者而存在，
而是为了生者而存在，
目的是提醒生者莫要忘却。

有句话叫"人会死两次",第一次是肉体的消亡,第二次是从生者的记忆中消亡。

当自己的至爱或至亲之人刚刚死去时,当事者当然会悲痛不已,有的甚至大受刺激和打击,让周围人担心"这人恐怕会一蹶不振"。可过个半年或一年,其悲伤往往会淡化,即便心中觉得"自己不能忘却",但记忆还是会渐渐稀薄——这就是人的特质。

在濑户内寂听看来,这是自然而然的现象,因此人哪怕失去了自己的至亲至爱,亦能独自活下去。

而也正因为如此,才有了一周年忌日、三周年忌日以及盂兰盆节之类的纪念日和活动。在这些纪念日里,死者生前的家人和好友们一起扫墓,并谈及死者、追思死者。这既告慰了死者的在天之灵,也等于保存了死者"曾在这世间走过一遭"的印记。

前面提到,"忘却"是神佛赐予人的宝贵能力。但对于自己已逝的重要之人,偶尔想起他们,亦是生者的义务所在。

WORDS OF JAKUCHO SETOUCHI

56

重视心理,保持健康

心态决定身体状态。
要想健康,关键在"心"。

日本有句俗话叫"病打心头起"。顾名思义，心情沮丧会破坏健康。反之，若是内心坚强之人，哪怕身体状况略有不佳，也依然能够做到精神焕发。可见，人的身心是融为一体、密不可分的。

濑户内寂听亦持类似观点——她认为，若是坚强开朗，就能战胜病魔。但也正因为如此，她指出，女性在四五十岁步入更年期时，一定要注意更年期症状。在该时期，女性往往会莫名其妙地变得忧郁或容易悲伤，对于一些原本大可一笑置之的琐碎小事，也会如同压在胸口的大石一般，感到焦躁烦闷。

用濑户内寂听的话来说，"明明程度只是1的事情，感受却是7乃至8"，这便是处于更年期的表现。若是不重视这一点，这种"心理亚健康"的状态恐怕就会导致身体方面的问题。基于自己的亲身经验，她还强调，在更年期内，女性的身心都容易出状况，因此更年期可谓是危险时期，所以要想办法平稳渡过，比如找医生咨询等。

近年来，据说男性的"更年期障碍现象"亦有增加，包括情绪低落等。与女性一样，这也会招致疾病。总之，要想保持健康，就要重视心理。

WORDS OF JAKUCHO SETOUCHI

57

即便无法解惑,倾诉亦有效果

人生在世,必会碰到各种
令人痛苦和生气的事。
此时若是有可以倾诉的人,
那就没有过不去的坎儿。

作家绵矢莉莎的小说《把我关起来》（后来被改编为同名电影）曾在日本风靡一时，小说主角黑田光子有自己的"脑内咨询师"，名叫"A"。当主角有烦恼时，这个她自己脑子里的"A"会与她谈心，并提供建议。看过该小说或同名电影的人中，有不少都对这一点很羡慕，心想"自己也有这么一个'A'就好了"。

这与濑户内寂听时不时会说的一句话有异曲同工之妙——"不需要你给答案，只想你倾听我的诉说"。人生在世，必会碰到各种令人痛苦、发愁和生气的事。在濑户内寂听看来，此时身边如果有可以倾诉的人，那就不必憋在心里，在一吐为快后，就没有过不去的坎儿。

她还指出，倾诉对象不一定非要是自己的另一半或恋人，比自己年纪大很多的大伯大妈亦可，人生经验尚浅但愿意倾听的少男少女亦可。只要有倾诉对象，大可将自己心中的烦恼或愤怒一吐为快。

而即便得不到答案或解惑，通过倾吐，亦能令人轻松舒畅许多，从而心生"明天继续努力"的干劲儿。

WORDS
OF
JAKUCHO
SETOUCHI

58

要认识到"自己是凡夫俗子"

人往往会重复犯相同的错误,但每次犯错后需忏悔。而在忏悔 10 次乃至 20 次后,就会认识到"自己真是个凡夫俗子"。这一点很重要。

在商业和经管领域，人们常常强调"从失败中学到东西"，即在失败后彻底弄清其原因，并采取对策，从而避免再犯同样的错误。

的确，重蹈覆辙是个大问题。但在濑户内寂听看来，人本来就是会重复犯相同错误的动物。

佛教有"不杀生""不妄语""不饮酒"之类的戒律。对此，濑户内寂听曾说："释尊在制订这些戒律时，大概也不认为所有信徒都会悉数遵守。"

大多数人在犯错后，会反省和忏悔，可到了第二天，就会忘到脑后，进而又犯同样的错。

对此，濑户内寂听指出，要在犯错后知错，要抱有歉意。

她还强调，在屡犯同样的错误后，关键要认识到"自己是个凡夫俗子"。换言之，唯有认识到自己是不完美的、是会一再犯错的动物，才能具备羞耻心和谦虚心。

WORDS OF JAKUCHO SETOUCHI

59

人际关系,变中有趣

人生的一切都会不断变化,
人际关系亦如此。

前面也提到，濑户内寂听在1943年结婚，第二年产下一女。而在5年后，她抛下女儿，离家出走。

她毅然如此的动机出于"无论如何都想成为小说家"的愿望，但对于当年抛下自己女儿这件事，在后来很长的一段时期内，她都尤为感到悔恨。可在她95岁（她女儿72岁）那年的母亲节，她意外收到了女儿的礼物。

在那之前，濑户内寂听已经和自己女儿冰释前嫌，她时而会去看望女儿和自己的外孙子和曾外孙。即便如此，在收到上述母亲节礼物时，她还是感叹道："在（自己）年轻时，我根本没想过会有这一天。"前面也提到，濑户内寂听早已明白佛教"生生流转"的道理，但随着年龄增长，通过一次次的切身感受，她还是一次次惊叹"人际关系的巨大变化"。

对此，她感言道："人生的一切都会不断变化，人际关系亦如此。"

随着岁月流逝，曾经如胶似漆的两人亦可能分道扬镳，曾经水火不容的两人亦可能彼此谅解。而这也让人生变得有趣和有意义。

WORDS OF JAKUCHO SETOUCHI

60

越是低潮苦闷，
越要靓丽开朗

哪怕陷入恋人变心、丈夫出轨之类的
人生低潮，也要该吃就吃，该化妆就化妆。
如此保持靓丽开朗，是对自己的尊重。

当年日本经济泡沫破灭时，许多企业家都变得负债累累。而在这些从"富翁"变成"负翁"的人之中，当时有一位因为其口头禅而出名，他的口头禅是"人只要吃好睡好，船到桥头自然直"。面对让不少企业家心生轻生念头的困境，此人的这份乐观和开朗，给了许多人振作的勇气。

在遭遇不幸时，有的人会满脸沮丧，甚至有一种"这个世上的不幸都压在了我一个人身上"的委屈感和悲壮感，于是让周围人为其担心。这或许是出于"希望别人同情安慰"的动机，但在濑户内寂听看来，"孤独必须自己背负""他人无法为你分担"。

此外，她还指出，人一旦开始负面思考，就会愈陷愈深，于是意志消沉、心情沮丧，因此必须正面思考，给自己找点乐子，比如"今晚吃点儿好的""打电话和好友闲聊一番"等。

总之，该吃就吃，该化妆就化妆，如此保持靓丽开朗，便能调整心态，从而走出消沉，笑对人生。因为唯有保持笑容和开朗，幸福才会来敲门。

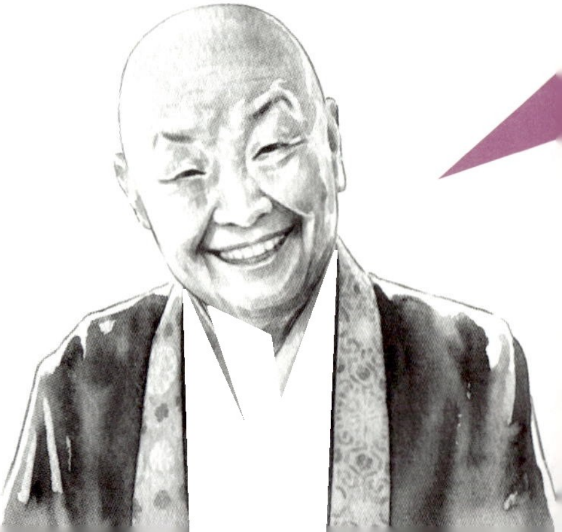

第六章　拥抱衰老，老有所乐

WORDS OF
JAKUCHO SETOUCHI

WORDS OF JAKUCHO SETOUCHI **61**

无论年龄,坚持求变

所谓"老龄力",
即不断"自我革命"的能力。

苹果公司创始人史蒂夫·乔布斯曾指出,大多数人在人生的前30年内会养成各种成为定式的习惯,而在之后的人生中,他们会如唱机唱针划过唱片上既定的密纹沟槽一般,日日重复相同的生活模式。在乔布斯看来,这样的活法的确安定,但却无法再创造新东西和好发明。

再比如无人不知的画家毕加索,他一辈子都在不断改变自己的画风,在他所经历的每个绘画艺术时期,他都是圈内翘楚。而濑户内寂听亦曾说"艺术家必须不断否定自己过去的作品,并持续探索新路",即强调了"坚持求变"的意义。

而濑户内寂听自己的确亦如此践行——她的人生可谓是充满了波澜壮阔的变化,且不管年纪多大,她都从未失去旺盛的好奇心。前面提到,在手机小说风靡时,已86岁高龄的她照样大胆尝试(详见本书第053页);而在90岁患上手部神经痛(这是一种神经系统病症,患者在写字时,其手指会发麻或痉挛。这种病症常常由写字过多诱发。——作者注)后,她甚至考虑过学习之前嗤之以鼻的电脑打字;而在94岁卧病在床时,她居然出版了自己的第一部俳句集(详见本书第007页)。

可见,即便年纪增长,也不要固执于自己习惯的模式和做法,而应不断"自我革命"。这种"老龄力",便是濑户内的座右铭之一。

WORDS OF JAKUCHO SETOUCHI

62

忘却年龄，想做就做

如果硬要问"保持精神焕发"的秘诀是什么，
我觉得或许是
"不纠结自己的实际年龄"。

前面提到，濑户内寂听在 88 岁时患上了腰部脊柱管狭窄症，这让她卧病在床大约半年（详见本书第 103 页）。在那之前，她一直精神矍铄，不但坚持文学创作，还在日本全国各地讲经说法。她当时腰腿灵活，比她年轻的人与她谈天时，常常会惊叹道："您工作这么拼，要是换作我，根本吃不消啊。"当然，有很多人因此向她请教"如此老当益壮的秘诀"。对此，濑户内寂听表示，"自己并没有什么特别的秘诀，如果硬要说，或许是'不纠结自己的实际年龄'吧"。

在濑户内寂听 78 岁时，有一次和歌手美轮明宏对谈。其间，她感言如下：

"我实在不敢相信我的实际年龄。不管对自己说多少次'你已经 78 岁啦'，我还是无法接受。"

一个人一旦认老服老，比如老是想"我就要 60 岁了，就快退休了""我都要奔 70 岁了"，就容易陷入无力感。反之，若是能像濑户内寂听那样不认老、不服老、不纠结自己的实际年龄，并努力埋头于自己想做的事和应做的事，那么自己的生理年龄就只是一个无所谓的数字而已。总之，不要纠结"自己现在几岁"，关键要老有所乐，老有所为。

WORDS
OF
JAKUCHO
SETOUCHI

63

不拘常识，取悦身心

不必盲目相信"老年人应该只吃蔬菜"之类的"养生常识"，"想吃啥吃啥""吃得开心"就行。

如今,"活到100岁"已成大多数人的长寿目标,因此各种保健药物、健康食品和养生方法的广告宣传可谓充斥着街头巷尾。

濑户内寂听在60多岁时第一次出现健康问题,医生告诉她"你不可以再忙工作了,应该在家静养",医生还告知了一堆"不可以",比如食物方面的忌口等,并给她开了一堆药。结果呢?濑户内寂听却完全没有照做。

她当时认为,与其"认老服老,活得老态龙钟",不如趁还活着时"想吃啥吃啥""全心投入工作",于是她反而增加了自己的工作量,并选择取悦自己的味蕾。结果呢?不知不觉间,她反而恢复了精神和健康。

翻看她在社交媒体Instagram上的发帖,有不少是有关美食的照片和内容。她非常喜欢马卡龙、冰激凌和草莓味刨冰。可见,她的健康之法正是"好好吃饭、好好工作、好好睡觉"。

得益于这样的心态和生活方式,她一直精神矍铄地工作到99岁。可见,不拘世间的所谓"常识",做自己喜欢的,吃自己喜欢的——如此取悦身心,其实更有益于健康。

WORDS OF JAKUCHO SETOUCHI

64

不怕丢脸，敢于尝试

"至死不断开发自己的潜力"是一件趣事。
总之要敢于尝试新事物。

人一旦上了岁数，往往会变得不愿学习和尝试新事物。究其理由，一是"向比自己年轻的人请教"甚是丢脸，二是"在请教后如果还是不懂不会"则更为丢脸。尤其是成功者或拥有一定地位之人，这种"要面子"的心情十分强烈。

而濑户内寂听的想法则相反，在她看来，"既然都这把年纪了，哪怕丢脸亦无妨"。基于这种"豁出去"的通达心态，她一直乐于尝试新事物。77岁时，她首次为歌舞伎版《源氏物语》创作剧本；之后受日本知名的能乐（"能乐"是一种日本传统的舞台表演艺术形式。——译者注）大师梅若六郎（今名为梅若玄祥）之托，写下了能乐新作；86岁时，她又以"小紫（Purple）"为笔名，尝试手机小说的创作（详见本书第053页）。

周围人担心新尝试一旦失败，会有损"濑户内寂听"的大名，因此经常劝濑户内寂听作罢。对此，她曾表示："（别人）越是劝我不要做，我就越想尝试。"而她不但敢于尝试，而且悉数成功。可见，不害怕丢脸，不甘于"安分"，敢于尝试，至死不断开发自己的潜力——这便是濑户内寂听贯彻终生的活法。

WORDS OF JAKUCHO SETOUCHI **65**

积极向前,赶跑衰老

人难逃一死,但是否"衰老"则取决于心态,因此可以抗拒和赶跑"老化"。

在过去的34年内,人们对于年龄的感觉有了较大的变化。如今,日本人的平均退休年龄是60岁到65岁。可在20世纪80年代之前,最普遍的退休年龄是55岁。现在看来,55岁退休或许太早了点儿,可在那个年代,许多人真觉得55岁之后就已经是"剩下的余生"了。

纵观当下55岁至60岁的人群,其中极少有"面老心老"的。在濑户内寂听看来,尤其是如今的女性,有不少甚至"一年比一年年轻,一年比一年光彩照人"。鉴于此,她认为,人无法阻止自己岁数的增长,但却可以通过调整自己的活法和心态,来抗拒和赶跑"老化"。

她还指出,"当一个人对自己健康和精神层面的'年轻态'和'乐观性'持否定态度,便是衰老的开始"。

换言之,一个人若是打心底觉得"自己已经老了""自己已经上年纪了",那就真的开始老了。反之,若是坚信自己"还年轻""还充满好奇心""还想尝试许多新事物",并真正践行这种积极向前的活法,便能抗拒和赶跑衰老。

WORDS OF JAKUCHO SETOUCHI

66

每日新,日日新

今天必有有别于昨日的新发现——这种心态能够常葆青春。

"日日新"是松下公司创始人松下幸之助先生最为中意的格言之一。其含义是,如果把今天视为昨天一成不变的延续,就会趋于机械地重复昨天的思想和行动,从而丧失干劲儿;反之,若能把今天视为"全新一天的开始",便能激发尝试新事物的积极性。

濑户内寂听在97岁时曾感言道:"我都活了97个春秋了,可每天依然都有新发现。"

换言之,她写了那么多的小说,可对于他人、自己乃至世间,她每天仍然能够获得新奇发现。而这也是她在写作生涯和人生旅途中的乐事之一。

一个人无论活得多久,世上还是会有许多其不曾知晓或未曾体验之事。即便觉得"日复一日皆相同",其实每天还是会有所不同,且必会伴随新发现。只要不丧失这份好奇心,无论年龄多大,人都能享受人生、活出年轻人的状态。

WORDS
OF
JAKUCHO
SETOUCHI

67

爱美之心，无关年龄

若是因为上了年纪而不再化妆打扮，
则等于是在看轻自己。

"××要有××的样子"是一种世间常见的说法。比如"年轻人要有年轻人的样子""女人要有女人的样子"等,这可谓一种价值观的强加。对此,濑户内寂听曾指出"莫要被这种观念过度束缚"。

93岁时,濑户内寂听曾应邀充当某女性杂志的封面模特儿,并由摄影师篠山纪信为她拍照。当时化妆师问她:"您可否贴假睫毛?"她答道:"嗯,可以。"按照世间的普遍观念,出家人似乎不该化妆,而且纵观耄耋之年者,几乎没有还贴假睫毛的。可濑户内寂听却不这么想,所以她平时不但自己画眉,还时而拜托助手给她敷面膜或化妆。

至于其理由,她答道:"看到镜子里的自己美美的,心情就很好。"总之,若是因为自己上了年纪而不再化妆打扮,那等于是在看轻自己。而若是做自己喜欢或感兴趣的事,就能保持快乐开朗的心态。鉴于此,濑户内寂听的建议是"不管年纪多大,都要爱美,都要化妆打扮"。

WORDS
OF
JAKUCHO
SETOUCHI

68

老年青年，彼此尊重

无论哪个时代，年长者都会叹息年轻人
"一代不如一代"，而年轻人也会抱怨
年长者"思想老旧顽固"——这是
人类社会从未终止的轮回。

濑户内寂听曾应邀作为嘉宾，参加了一档谈话类电视节目。其间，她与30名10多岁的少男少女一起对谈。在参加节目之前，她就知道与自己的少女时代相比，如今的少男少女的各种想法已经大为不同。可在实际面对面交流后，她还是颇为震惊，坦言道："对于长辈，（他们的）言语措辞毫不客气，也毫无敬意。"

不仅如此，当作为在场嘉宾之一的一位电影导演谈及四五十岁男性的话题时，在座的女生毫不避讳地直言"（这个话题）真无聊"，这已经够令人大跌眼镜的了。而在那位导演因此厉声发飙道"你说无聊是什么意思？！"之后，女生竟然面不改色地怼了回去。其中甚至还有对"学生卖淫挣钱"持肯定态度的女生。若是节目中的年长者和年轻人各持己见，那么节目最后只能以对当下年轻人的批判而告终。面对这种情况，濑户内寂听另辟蹊径——在演播室的她，与少男少女们一起坐在地上，试着以"平等视线"相互交流。于是这些年轻人开始卸下防备，吐露自己真实的一面。这让她了解到，原来现在的年轻人都在不安和寂寞中极不容易地活着。

无论哪个时代，年长者都会叹息年轻人"一代不如一代"，而年轻人也会抱怨年长者"思想老旧顽固"。"未来属于年轻人，因此不可轻视他们，关键要倾听他们的声音"——这是濑户内寂听的感悟，也是她对年轻人的鼓励。

学习前辈,保持年轻

不少人说"和年轻人打交道是保持年轻的秘诀",但我觉得
"和优秀的老人打交道"更能抵抗衰老。

有一种较为普遍的思想认为，年长者保持年轻的秘诀在于"和年轻人打交道"。其背后的逻辑是——若尽和自己的同龄人相处，就会活得越来越像个老人；而若是与年轻人相处或一起工作，在心态层面就能保持年轻。

这的确有些道理。但在濑户内寂听看来，如果与"优秀的老人"打交道，便能"激发干劲儿，振奋精神，从而保持年轻态，抵抗衰老"。

濑户内寂听生于1922年，在她迎来花甲之年时，在她熟悉的文学圈子里，有不少七八十岁的作家依然笔耕不辍。比如野上弥生子（生于1885年），她一直在持续进行文学创作，直到99岁，在文坛活跃了将近80年；又比如里见弴（生于1888年），在90多岁时，他依然到访京都，与濑户内寂听促膝长谈。

在结识了这些优秀的文坛老前辈后，濑户内寂听当时觉得"自己简直不值一提"。而这种"想学习和追赶这些榜样"的想法，成了她奋斗到99岁的原动力。

可见，"和优秀的老人打交道"亦是保持年轻的秘诀。

WORDS
OF
JAKUCHO
SETOUCHI

70

年龄增长，心态为重

心灵依然十七八岁，皮囊却年年老化——这或许是人类不幸之根源。

在濑户内寂听看来，人的一大自我矛盾在于"肉身随着年龄而老化，可心灵和情感却并不以相同速度老化"。

就拿她自己来说，每当有人问她年龄几何，她虽然会正常回答自己的年纪，但对她而言，这只是自己生理上的年龄，自己实际的感觉与这年龄数字其实格格不入。按照以前的大众认知，一个人一旦步入花甲之年，便是彻头彻尾的爷爷奶奶辈儿了。可濑户内寂听从步入花甲乃至耄耋之年，都几乎没有自己已是"奶奶辈儿"的感觉，她的心态甚至和年轻时并无差别——这让她自己都感到惊讶。

而这并非因为濑户内寂听特殊，其实这是一种较为普遍的现象。换言之，随着年龄增长，绝大多数人依然会保持自己孩童时或年轻时的许多精神面貌和心灵特征，从而对于装载心灵的这副皮囊的老化表示愕然和哀叹。

用濑户内寂听的话说，"心灵明明依然十七八岁，皮囊却年年老化——这或许是人类不幸之根源。因为心没老，所以女性看到镜中衰老的自己，往往会心生怨念"。

鉴于此，我们应学会如何聪明应对肉体老去的现实，关键要保持足够的年轻心态，从而不被肉体的衰老打败。

WORDS
OF
JAKUCHO
SETOUCHI

71

出生无法选择,但活法和死法可选

正如生者有生者的义务,
死者亦有死者的义务。

据统计，2020—2021年，日本的自杀人数超过了2万。在那之前的10年间，日本的自杀人数一直呈下降趋势，可受新冠疫情等因素影响，自杀人数又由降转升。

濑户内寂听之前一直致力于心理干预帮助活动——对于陷入痛苦绝望的人，她倾听他们的倾诉，并给予鼓励。可在新冠疫情暴发后，她难以继续这种面对面的谈心活动。对于他人的各种痛苦和难处，她在表示十分理解的同时也呼吁道："自己中途终结自己的'天定寿命'，实为错误之举。一个人既然都不怕死了，那还有什么做不到的？若是因深受贫穷之苦而有轻生念头，那还不如咬牙活着，努力脱贫。"

在当年战时，濑户内寂听的母亲在防空壕中活活被烧死。换言之，她的母亲并非寿终正寝，而是被战火夺走了生命。而她父亲的丧妻悲痛，她亦看在眼里，记在心中。这让她领悟到"正如生者有生者的义务，死者亦有死者的义务"。鉴于此，她认为，在自己死之前，必须给生者一些帮助，比如减少他们的烦恼和痛苦等。

人无法选择自己的出生，但可选择自己的活法和死法。在濑户内寂听看来，无论多么痛苦，都不可选择轻生之路。

WORDS OF JAKUCHO SETOUCHI

72

乐己悦己,无悔人生

若是临终能说出"谢谢",则可谓救赎。

人生在世，自然有乐有苦。而在濑户内寂听看来，若是一味关注和体会苦，那么人生就失去了意义。

换言之，一个人如果尽是抱怨和嗟叹"做人真是辛苦、真是痛苦"，就会对人生感到厌恶。为了避免这种情况，人活着就应该做自己喜欢的事，并学会发现生活中的乐趣，哪怕只是微不足道的乐趣。

无论擅长与否，无论成功与否，只要在做自己喜欢的事，人自然就会感到愉悦。

濑户内寂听还指出，如此乐己悦己，脸上也会幸福洋溢。而一个人如果经常满面笑容，不但能增加自己的幸福感，还能影响周围人——他们会想"这个人好像整天很开心呢"，从而使他们也获得幸福感。

她还说道："如果一个人临终时能说出'谢谢'，则真可谓救赎。而为其送终的家人和朋友亦能感到十分安慰。"

总之，要积极努力地活在当下。这便是智慧的活法，亦是度过无悔人生的要诀。

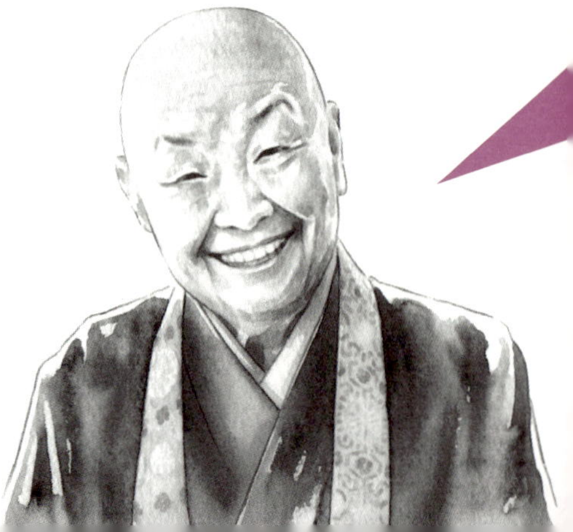

第七章　要为自己感到骄傲

WORDS OF
JAKUCHO SETOUCHI

WORDS OF JAKUCHO SETOUCHI

73

莫在意他人，应关注内心

即便四下无人，也有神佛在上。
因此需慎独。

濑户内寂听1973年出家，那年她51岁。她的师父今东光既是僧侣，亦是人气作家。今东光赐予她法号"寂听"，从而代替她的俗名"晴美"，并送她一句箴言："从此之后，你应慎独。"

作为她的剃度师父，今东光就只给了她这一句教诲，但她对此已经十分感恩。一旦处于四下无人的情况，大多数普通人都会由于一时冲动或偶发的恶念而做出坏事——比如把垃圾扔在不该扔的地方，或者在遛狗时不清理自家宠物狗的粪便……

而受到今东光上述教诲的濑户内寂听指出，即便没人看到你做了什么，也有洞悉一切的神佛在上，而若能认识到这一点，就能明白"不可因为'没人看到'而作恶"，从而做到自律和慎独。另一方面，当自己受到世间舆论或周围人的无端责难和批判时，也要明白"神佛洞悉是非黑白"，从而心生自信。

可见，人生在世，莫要在意和纠结他人的眼光，而要关注自己的内心，并由此努力做到自律慎独，从而获得真正意义上的自由。

WORDS
OF
JAKUCHO
SETOUCHI

74

父母以身作则，孩子才会有样学样

教育孩子不用一味叫孩子"该做这个""该做那个"，父母只要自己做该做的事，孩子自会模仿。

在不少人看来，教育孩子好比二人三足赛跑，是母亲和孩子共同接受的"考试"。但在濑户内寂听看来，真正的教育应该是以身作则、潜移默化，即父母通过自己的言行，润物无声地让孩子明白"该做什么""该如何活着"。

濑户内寂听生于日本德岛县。当地当时有一个名为"接待"的习俗——对于长途参拜巡礼各地寺庙灵山的修行者，当地人会赠予他旅途必需品或金钱。她的家庭亦不例外——到了晚上，她母亲会把邮票、明信片、肥皂、牙刷、牙膏、卫生纸和硬糖等装到一个个用布手巾做的袋子里。这样的袋子被称为"接待袋"。而她则负责把这些"接待袋"放到位于参拜巡礼步道边的台子上。

濑户内寂听后来感言，当时看着自己母亲默默制作和装满"接待袋"，她在幼时便懂得了一个道理——"人一旦自己生活有所富余，就必须布施他人，哪怕只是些许"。

此外，她父母从来不逼她学习功课。哪怕她得意扬扬地给父母展示自己的成绩单，父母连看都不看。但她坦言，通过观察父母的言谈举止，她学到了"身为人，该如何活着"。

总之，濑户内寂听一贯主张"父母只要自己做该做的事，孩子自会模仿——这便是对子女的教育"。

WORDS OF JAKUCHO SETOUCHI 75

知自己命贵，便知他人命贵

如果孩子问"为什么杀人是不对的？"，家长应回答"因为你是人"。

"为什么杀人是不对的？"——这是对人类永久的灵魂拷问之一。在战争中，杀人越多，就越被称颂为"英雄"；而在俄国作家陀思妥耶夫斯基的小说《罪与罚》中，主人公拉斯柯尔尼科夫认为靠放贷赚钱的老妇阿廖娜"没有活着的价值"，于是将她杀死……面对这些现实和文学作品中的现象，当子女问道"为什么杀人是不对的？"，有的父母不知如何回答。

对于该问题，濑户内寂听给出的答案是"因为你是人"。在动物中，人类独有的特殊能力之一是"想象力"。一旦设身处地，想象"换作自己会怎样"，就能立刻明白什么不能做。某种行为若是施加在自己身上会痛，那施加在他人身上亦会痛；某种行为若是己所不欲，则他人亦不欲。由此可知，对于欺负和霸凌的定义，其实无关乎施加者是否心存恶意，只要被施加者有"自己在被欺负、被霸凌"的感受，那就可以定性为欺负和霸凌。

关键在于，家长要从小教会孩子理解"生命的珍贵"。若懂得自己命贵，便能想象和理解他人命贵。而有这样的认识和思想，才算得上是真正的人。所以说，"为什么杀人是不对的？"这一问题的答案就是，"因为你是人"。

WORDS
OF
JAKUCHO
SETOUCHI

76

不被无尽的欲望玩弄

容易满足，才会幸福。

人类的欲望永无止境。某家美国的金融公司曾曝出员工不正当巨额牟利的丑闻。涉事的那名员工明明拿着高薪，却依然染指违规行为。此人后来坦言道，自己"想要更多钱"的欲望和"凭什么同事比自己薪酬高"的嫉妒，使自己误入歧途。

人称"日本资本主义之父"的涩泽荣一曾指出，要想抑制"有一想二，有二思三"的无尽欲望，关键要"懂知足，守本分"。

濑户内寂听作为卖座的人气作家，她早已深刻体会到"物欲"的虚无，这也是她后来出家为尼的原因之一（详见本书第045页）。换言之，她已看破，明白人的欲望是个无底空洞。人有十想二十，有二十思一百，但正所谓"人比人气死人"，有了一百后，发现还有无数比自己拥有更多的人——欲望如此无止境，自然就会给人以蛊惑和痛苦。

反之，若是有十后不想二十而感恩满足，就不会有无谓的烦恼和痛苦。可见，普通人虽不必彻底无欲无求，但"懂得知足，容易满足"的确是提升幸福感的秘诀之一。

WORDS
OF
JAKUCHO
SETOUCHI
77

遵从内心,何谓重要

"金钱万能""物质富足就能幸福"——这种俗世的想法,
并不能给自己带来真正的幸福。

以前有不少人鼓吹"金钱万能",即"没有钱买不来的东西"。但濑户内寂听基于自己的亲身经历指出,金钱的确有胜于无,有钱人能做的事情的确也更多,但金钱亦有其局限性。

在出家前,濑户内寂听早已是人气作家,因此有许多出版社向她约稿,而她当时也具备多产的才能和体力,于是收入颇丰。她用所得的丰厚稿酬,尽情买自己喜欢的服饰,吃自己喜欢的美食,可最终她觉得"实在是够了"。

一味依赖金钱的人,终会被金钱背叛。比如金钱买不来真爱。用濑户内寂听的话来说,"在临终前,无论坐拥多么庞大的财产,也换不来不死;自己所爱之人一旦变心,也无法用金钱买回。"

可见,"金钱万能""物质富足就能幸福"——这种俗世的想法,并不能给自己带来真正的幸福。要想让自己的人生变得更加幸福美好,关键要遵从内心,知道"究竟什么真正对自己重要"。

WORDS OF JAKUCHO SETOUCHI

78

正确看待知识,培养孕育智慧

智慧不同于知识。

前者是一种自主正确判断"自己应走之路"的能力。

在商业经管领域，有句话叫"智慧不同于知识"。所谓"知识"，即通过上学、读书和研修等手段习得的内容和技法。那么问题来了，光靠知识，是否就能胜任工作？答案是否定的。一个人必须通过工作历练，把习得的知识运用于实践，知识才能被逐渐打磨成智慧。这也是这句话的内涵所在。

而濑户内寂听亦指出，佛教的终极教诲之一是"愿得智慧真明了"。

1995年，日本发生了造成大量伤亡的地铁沙林毒气袭击事件。发动该恐怖袭击的人有不少是一流大学毕业的"高级知识分子"。他们利用自己的知识，制造合成了沙林毒气。有句老生常谈的话——一旦科学"知识"未能与"正确使用"的"智慧"相结合，就会造成一出又一出人类悲剧。

在濑户内寂听看来，所谓"智慧"，即一种自主正确判断"自己应走之路"的能力。

鉴于此，她还强调，教育之目的，在于让人充分理解知识与智慧的区别，从而脱离"偏重知识"的弊端，转而着力培养和孕育智慧。

WORDS OF JAKUCHO SETOUCHI

79

明确目标,激活干劲儿

每天的工作的确是为了养家糊口。
但这每日的努力涓流究竟注入的
是怎样的大海——若能明确这一点,
便不会陷入空虚迷惘。

是否明确"自己工作的目的"——这直接关系到工作的意义和毅力。

前面提到，濑户内寂听在20多岁时离家出走后，为了成为小说家而不懈努力，最终成为人气颇高的知名作家。而即便在51岁出家后，她依然以小说家的身份，持续活跃于文坛。

而在迎来古稀之年时，她又挑战自我，决定将《源氏物语》译成现代日语。之前曾经有谷崎润一郎、与谢野晶子、圆地文子等文豪翻译过这部日本古文巨著。而迈入古稀之年的濑户内一直在思考"自己身为作家，能为社会做点什么？"，最终得出的答案是"让日本人重拾自豪感"，于是她不顾如此高龄，毅然赌上了自己的作家生命。

这项挑战自然极为不易。当年圆地文子执笔翻译《源氏物语》时，濑户内寂听和她住在同一栋公寓，只是房间不同而已。因此通过亲眼所见，濑户内寂听早就明白"要翻译好《源氏物语》，不拼命是不行的"。在经历了6年的艰苦辛劳后，"濑户内版"的《源氏物语》得以完成。而支撑她日复一日坚持下去的，便是"让日本人重拾自豪感"的强烈信念。

可见，人若是有明确的目标作为坚实基础，则所有的困难几乎都能克服。

WORDS OF JAKUCHO SETOUCHI

80

抱有自豪,怀揣自信

组织本由一个个个体组成,
国家亦不例外。

《源氏物语》被誉为全世界最早的长篇小说。在该书问世之前，日本人无论撰文作诗，用的皆是中国的汉字。而描写日本宫廷故事的《源氏物语》则是名为"紫式部"的日本女性用日本平假名写就的著作。正可谓在日本文化中诞生的小说故事。

前面也提到，濑户内寂听之所以在古稀之年毅然决定将《源氏物语》译为现代日语，是因为当时的日本在经历了高度经济成长期的奇迹崛起后，渐渐丧失了活力。

而最让她揪心的，是许多日本人开始丧失自信。鉴于此，她希望通过翻译《源氏物语》这部享誉世界的千年之前的文学经典，让日本大众重拾身为日本人的自豪感。

一个国家的力量，取决于生活在这片土地上的每个国人的自豪和自信程度。换言之，关键要抱有自豪，怀揣自信。唯有国民如此，国家才能长盛不衰。

参考文献一览

1.《寂听随想——拥抱无常》
[日] 濑户内寂听著，讲谈社文库

2.《寂庵说法》
[日] 濑户内寂听著，讲谈社文库

3.《克服孤独》
[日] 濑户内寂听著，光文社文库

4.《生活箴言集》
[日] 濑户内寂听著，光文社文库

5.《人到五十仍年轻》
[日] 濑户内寂听著，光文社智慧森林文库

6.《对话稻盛和夫：利他》
[日] 稻盛和夫、濑户内寂听著，喻海翔译，东方出版社

7.《工作力（金装版）》
[日] 朝日新闻社编，朝日文库

8.《点名——二人对话》
［日］濑户内寂听、美轮明宏著，集英社文库

9.《独自亦能生活》
［日］濑户内寂听著，集英社文库

10.《献给你的生活谏言》
［日］濑户内寂听口述、［日］濑尾爱穗记录，SB新书出版社

11.《寂听——99岁的遗言》
［日］濑户内寂听著，朝日新书出版社

12.《唯有活着》
［日］濑户内寂听著，新潮新书出版社

13.《生老病死　皆应淡然》
［日］濑户内寂听著，新潮社

14.《日本的美德》
［日］濑户内寂听、唐纳德·基恩著，中公新书LaClef

15.《无悔人生》
［日］濑户内寂听著，祥传社

16.《别了》
［日］濑户内寂听著，光文社

17.《笑对人生》
［日］濑户内寂听著，中央公论新社

附录　濑户内寂听箴言

序号	箴言
1	比起已然逝去的过去和前途未卜的未来,"当下"要重要得多。正因如此,所以要全力过好当下。
2	要想心情爽朗,就要适应环境,努力活着。
3	做事不拖延,人生不后悔。
4	零碎不全的热情无法成事。
5	只要持续做喜欢和想做的事,必会遭遇阻力。不要抱怨,而应坚持。
6	对于自己的工作,若明确"眼下无他",则应努力爱上它。

(续表)

序号	箴言
7	我更讨厌"早知道当时就去做了"这样的后悔。
8	年轻时吃苦也许的确苦,但年轻时拥有强大的自愈力量,因此不必担忧。
9	若懒于打磨,武器就会生锈;若乱用乱伐,资源就会见底。因此无一日可不慎。
10	尽全力奋斗后,静待结果即可。
11	当觉得诸事无趣而冷漠"躺平"时,其实是在白白损耗自己有限的生命。
12	应把所有邂逅视为"一期一会",诚意待人,直至道别。
13	说"不"需要勇气,但换来的是放过自己。
14	不要为自己,而要为他人祈祷。
15	祈祷的内容,应该是自己敢大声念出口的内容,是不怕别人听到的内容。
16	只要这世上还有哀叹、悲痛、受苦的人,就不能抱有"只要自己幸福即可"的思想。
17	要告诉年轻人:"你生在这个世界上,是为了给别人带去幸福。"

(续表)

序号	箴言
18	人的言语拥有力量。对于感到不安的人，哪怕仅仅安慰一句"没关系的"，也能让对方心生自信。
19	哪怕只是心想"我没法提供什么帮助，可觉得当事人好可怜"，亦是一种布施。
20	我参与了那么多活动（包括反战活动等），结果从未如意。即便如此，我也从不放弃。
21	要学会重视"不可见的无形之物"。
22	不要轻视自己，要肯定自己。
23	人生在世，必会面对足以犹豫整晚的抉择。此时应该认真思考"自己想做什么、想要什么"，然后付诸行动。
24	"总之，先做做看"的态度最为重要，而不应还没做就丧气地觉得"自己做不来"。
25	如果没人表扬夸奖你，你大可表扬夸奖自己。
26	嫉妒者不知别人的努力。
27	即便才能未开花结果，只要能热衷于自己喜欢的事，人生就有意义。
28	人人都有许多个"才能花苞"。可一旦认定一个，就要舍弃其他。

(续表)

序号	箴言
29	自己的人生,唯有自己负责。
30	从个人经验出发,我至今依然觉得"乱看书"不是坏事。
31	学生为何要心存自卑?学校成绩又不代表一个人的一切,因此大可为自己感到骄傲。
32	若是一味用他人的尺来衡量自己,自然会变得惴惴不安并丧失自信。
33	笑容伴随着好事,因此微笑能吓跑不幸;反之,若是哭丧着脸,就会招来不幸。
34	若是有心夸赞别人,就会发现人人皆有值得夸赞的优点。
35	爱情的本质是"零利率",可人们却在彼此要求"高收益率"。
36	真正的爱情,应该是"乐于付出,所以付出"。
37	夫妻之间也好,恋人之间也好,朋友之间也好,在生对方的气时,要多想对方的好。
38	人人皆有自己的才能,关键看其身边是否有"伯乐"。
39	每天至少要夸奖家人一次。这既是家庭关系圆满的秘诀,也是保持美丽的秘诀。
40	自己心情愉悦,方能体恤他人。

(续表)

序号	箴言
41	婚姻危机必会屡屡来临。克服它们,才算夫妻。
42	爱人会伴随苦痛,但更多的是快乐。
43	人越是经历过苦痛,越是懂得去爱别人。
44	"忘却"是人的宝贵能力。
45	苦闷时,请换个角度看问题。
46	人若是把烦恼以言语的形式释放,之前如水泥般密闭的心灵就能有气孔透风。一旦透风,思维便能拓展,进而做到"客观审视自我"。
47	精神层面也好,肉体层面也好,有的苦痛,若不亲身体会就很难理解。
48	愤怒这东西,最好不要直接宣泄在对方身上。如果实在忍不住,就在自己屋里扔扔字典吧。
49	即便自己有理,也不要逼人太甚。
50	人有旦夕祸福。关键要尽量保持平常心。
51	不知为何,人生在世,好事或坏事往往扎堆到来。若遭遇后者,则应自立自强、勇敢面对。
52	世间的价值观说到底也只是人制订的,因此大可不必过于拘泥。

(续表)

序号	箴言
53	若是跌入人生谷底,则之后只能是反弹上升。
54	若是觉得待遇不公或环境不适,则大可一走了之。
55	坟墓不是为了逝者而存在,而是为了生者而存在,目的是提醒生者莫要忘却。
56	心态决定身体状态。要想健康,关键在"心"。
57	人生在世,必会碰到各种令人痛苦和生气的事。此时若是有可以倾诉的人,那就没有过不去的坎儿。
58	人往往会重复犯相同的错误,但每次犯错后需忏悔。而在忏悔10次乃至20次后,就会认识到"自己真是个凡夫俗子"。这一点很重要。
59	人生的一切都会不断变化,人际关系亦如此。
60	哪怕陷入恋人变心、丈夫出轨之类的人生低潮,也要该吃就吃,该化妆就化妆。如此保持靓丽开朗,是对自己的尊重。
61	所谓"老龄力",即不断"自我革命"的能力。
62	如果硬要问"保持精神焕发"的秘诀是什么,我觉得或许是"不纠结自己的实际年龄"。
63	不必盲目相信"老年人应该只吃蔬菜"之类的"养生常识","想吃啥吃啥""吃得开心"就行。

（续表）

序号	箴言
64	"至死不断开发自己的潜力"是一件趣事。总之要敢于尝试新事物。
65	人难逃一死，但是否"衰老"则取决于心态，因此可以抗拒和赶跑"老化"。
66	今天必有有别于昨日的新发现——这种心态能够常葆青春。
67	若是因为上了年纪而不再化妆打扮，则等于是在看轻自己。
68	无论哪个时代，年长者都会叹息年轻人"一代不如一代"，而年轻人也会抱怨年长者"思想老旧顽固"——这是人类社会从未终止的轮回。
69	不少人说"和年轻人打交道是保持年轻的秘诀"，但我觉得"和优秀的老人打交道"更能抵抗衰老。
70	心灵依然十七八岁，皮囊却年年老化——这或许是人类不幸之根源。
71	正如生者有生者的义务，死者亦有死者的义务。
72	若是临终能说出"谢谢"，则可谓救赎。
73	即便四下无人，也有神佛在上。因此需慎独。

(续表)

序号	箴言
74	教育孩子不用一味叫孩子"该做这个""该做那个",父母只要自己做该做的事,孩子自会模仿。
75	如果孩子问"为什么杀人是不对的?",家长应回答"因为你是人"。
76	容易满足,才会幸福。
77	"金钱万能""物质富足就能幸福"——这种俗世的想法,并不能给自己带来真正的幸福。
78	智慧不同于知识。前者是一种自主正确判断"自己应走之路"的能力。
79	每天的工作的确是为了养家糊口。但这每日的努力涓流究竟注入的是怎样的大海——若能明确这一点,便不会陷入空虚迷惘。
80	组织本由一个个个体组成,国家亦不例外。